乐器音板用木材的功能性改良及新型材料

刘镇波 等 著

科学出版社

北京

内 容 简 介

乐器既是艺术品，也是文化生活的必需品，在人们的文化生活中起着重要的作用。乐器中的共鸣构件是乐器具有特定音色的决定性因素，而木材是制作乐器共鸣构件极其重要的原料。作为世界第一大乐器生产基地的中国，目前面临适合于制备乐器共鸣板的优质木材资源日益匮乏的困境，我国乐器制造行业的可持续发展受到严重影响。本书针对乐器共鸣板木材优质资源短缺的问题，采用自然陈化、抽提、浸渍、高能射线处理等手段对云杉、泡桐木材进行功能性改良，并对改良结果进行评价，同时为开发乐器音板用新型材料，研究了木质单板-碳纤维、木质单板-玻璃纤维复合材料的制备工艺与其声学振动性能，分析其用于乐器共鸣板的可能性。

本书可供从事木材科学、乐器学、乐器制造、乐器共鸣板用木材加工等领域的工程技术人员、科研人员和高、中等专业院校的木材科学与工程、乐器学等相关专业的师生使用与参考。

图书在版编目（CIP）数据

乐器音板用木材的功能性改良及新型材料/刘镇波等著. —北京：科学出版社，2022.3
ISBN 978-7-03-071780-1

Ⅰ．①乐… Ⅱ．①刘… Ⅲ．①乐器制造–木材–研究
Ⅳ．①TS953.03

中国版本图书馆 CIP 数据核字（2022）第 042588 号

责任编辑：张淑晓 孙静惠 / 责任校对：杜子昂
责任印制：吴兆东 / 封面设计：图阅盛世

科学出版社 出版
北京东黄城根北街 16 号
邮政编码：100717
http://www.sciencep.com

北京虎彩文化传播有限公司 印刷
科学出版社发行 各地新华书店经销
*
2022 年 6 月第 一 版 开本：720×1000 1/16
2022 年 6 月第一次印刷 印张：15 1/4
字数：307 000

定价：118.00 元
（如有印装质量问题，我社负责调换）

前　　言

我国是全球最大的乐器生产国与出口国，乐器中的共鸣构件是决定乐器音色的重要因素，而木材是制作乐器共鸣构件极其重要的原料。目前我国现有的木材资源，尤其是优质木材资源已经难以保障我国乐器制造行业的可持续发展，使得近些年用于乐器制造的木材资源进口量连年增长，但世界性木材资源的减少，以及国际贸易形势的变化，对我国乐器制造行业产生了巨大的影响。为解决乐器共鸣构件用木材资源短缺问题，行之有效的办法有两个：一是对劣质资源进行功能性改良以提升声学振动性能，二是开发新型材料。

自 21 世纪初以来，著者及所在的课题组一直从事木材声学方面的研究，先后出版了专著《共鸣板用材的振动特性与钢琴的声学品质》、《共鸣板用木材的振动特性与民族乐器的声学品质》，具体追踪了从木材的构造特征对木材声学性能的影响，到由木材制成的共振面板、共鸣箱的研究，再到乐器产品声学品质评价的整个过程，系统分析了木材基本属性影响其声学振动响应特性的基本机理，以及木材声学振动性能与乐器产品声学品质之间的内在规律。基于近年乐器音板用木材资源形势的变化以及行业发展的需求，著者及所在的课题组针对木材声学振动性能功能性改良及新型材料开展了研究，这对提高我国乐器产品质量与档次，提高乐器产品附加值以获取更大的经济效益具有积极的意义，同时对解决资源短缺以保障乐器制造行业的可持续发展也具有积极的意义。在学术上，这也是前期研究的延续与扩展，使得木材声学研究理论体系更加完善。

本书在国家自然科学基金(乐器共鸣板用木材的声学功能性改良及新型声学材料制备机理研究，31670559)、中央高校基本科研业务费专项资金项目(乐器音板用木质异基复合材料制备及振动性能研究，2572019BB05)的资助下，采用自然陈化、抽提、浸渍、高能射线处理等手段对云杉、泡桐木材进行功能性改良，并对改良结果进行评价，同时为开发乐器音板用新型材料，研究了木质单板-碳纤维、木质单板-玻璃纤维复合材料的制备工艺与其声学振动性能，及其用于乐器共鸣板的可能性。本书总结了著者近年来的研究成果，其主要内容可分为三个部分：

第一部分：介绍了木材声学振动性能测试方法(第 1 章)；

第二部分：介绍了木材声学性能的功能性改良研究(第 2 章～第 5 章)；

第三部分：介绍了共鸣音板用新型材料的声学振动性能研究(第 6 章、第 7 章)。

　　本书由东北林业大学刘镇波、苗媛媛、秦丽丽、李瑞、吕晓东、林斌、孙立鹏、孙凤亮共同撰写，其中第 0 章、第 2 章、结语由刘镇波、苗媛媛共同撰写，第 1 章由刘镇波、孙立鹏共同撰写，第 3 章、第 4 章由刘镇波、秦丽丽、李瑞、苗媛媛共同撰写，第 5 章由刘镇波、孙凤亮共同撰写，第 6 章由刘镇波、吕晓东、苗媛媛共同撰写，第 7 章由刘镇波、林斌、苗媛媛共同撰写。东北林业大学沈隽、刘丹丹、何鑫巍、张洁莹、郝兴闯、梁雨薇等完成了第 2 章的部分实验，刘一星审阅了全书，并提出了许多宝贵的意见，在此表示诚挚的感谢，同时也衷心感谢课题组的所有同仁在实验中的帮助与支持。

　　鉴于著者水平有限，书中可能存在纰漏，敬请同行和广大读者不吝批评指正。

著　者

2022 年 1 月

目　　录

第0章 绪 论

0.1 木材的声学振动特性及评价

0.1.1 木材的声学振动特性简介

声是一种机械扰动在气态、液态、固态物质中传播的现象。扰动是指在气态、液态、固态物质中的一个密度的,或者是压力的,或者是速度的某种微小变化,这个变化在弹性介质中就会传播出去,传递的能量就是声,从声的概念上讲,只要弹性介质中存在扰动,就会产生声波。声学是一门研究声波的产生、传播、接收以及与物质相互作用的科学。

木材和其他具有弹性的材料一样,在冲击性或周期性外力作用下,能够产生声波或进行声波传播振动。木材声学主要是研究木材在外在的激励源作用下所产生的振动特性、传声特性、空间声学性质(吸收、反射、透射)等与声波有关的木材材料特性。而乐器音板木材在工作时所体现的材料特性属于声学振动特性范畴。

不同木材的声学振动性能有显著差异,声学振动性能好的木材具有优良的声共振性和振动频谱特性,能够在冲击力作用下,由本身的振动辐射声能,发出优美音色的乐音。更为重要的是,能够将弦振动的振幅扩大并美化其音色向空间辐射声能。这种特性是木材能够广泛用于乐器共鸣部件制作的重要依据。

0.1.2 木材声学振动性能评价

不同的乐器,其共鸣音板对所使用的木材树种有具体的要求[1,2],钢琴、小提琴等西洋乐器的共鸣音板一般选择云杉木材,而琵琶、阮、月琴等民族乐器的共鸣面板一般选择泡桐或杉木木材。但木材是一种变异性很大的材料,同树种不同株上的木材,甚至是同株木材上的不同部分,其材性都有差异,这使得可用于制作共鸣板的木材不仅对树种有要求,而且对选材部位、加工方法[3]也有严格的要求。

质量上乘的乐器产品对乐器共鸣板制作材料——木材有极其苛刻的要求[4],不但要求选用的木材具有很高的振动效率、优良的振动音色,而且还要求具有稳定的含水率,以提高其发音效果。如何根据乐器对音板的要求合理选材,尤其是如何运用木材声学性质的指标参数对木材声学性能品质进行合理的评价,并以此为依据指导乐器共鸣板的合理选材，是十分重要的。

乐器制作行业对乐器音板的声学性能品质有许多具体的要求，综合起来主要有三个方面：第一方面是对振动效率的要求，音板应该能把从弦振动传播过来的能量，大部分转变为声能辐射到空气中去，而损耗于音板材料内摩擦等因素的能量应尽量小，使发出的声音具有最大的音量和足够的持久性；第二方面是对音色的要求，从音板辐射出的乐音应具有优美悦耳的音色，音板在乐音频率范围内频响特性应分布均匀与连续，以及具有较小的惯性阻力、较敏锐的时间响应特性等；第三方面是对发音效果稳定性的要求，其要求由音板制作的乐器能够适应环境空气温湿度的变化，保证稳定而良好的发音效果。因此，对乐器共鸣板用木材的声学性能品质评价也应该从这三个方面入手。

1. 对振动效率品质的评价

乐器共鸣板用木材要求具有较高的振动效率。振动效率高的音板，能把从弦振动所获得的能量，大部分转变为声能辐射到空气中去，而损耗于音板材料内摩擦等因素的能量小，使发出的声音具有较大的音量和足够的持久性。

从现有的文献资料来看，用于评价木材振动效率品质的物理量主要有：声辐射品质常数 R、比动弹性模量 E/ρ、损耗角正切 $\tan\delta$、声阻抗 ω 以及 $\tan\delta$ 与 E 之比 $\tan\delta/E$ 等。在 R、E/ρ 为较大数值，而且 $\tan\delta$、$\tan\delta/E$、ω 为较小数值的情况下，木材的振动效率高，有利于声能量的高效率转换或响应速度的提高。

从声辐射品质常数表达式 $(R = \sqrt{E/\rho^3})$ 来看，应选用动弹性模量 E 较大且密度 ρ 较小的木材。比动弹性模量 E/ρ 代表顺纹方向细胞壁的平均动弹性模量，而且能够以此判别振动加速度的大小；而 R 表示将入射的能量转换为声能的程度，并且能以此判别声压的大小。两者都有使振动效率增加的作用。对于内摩擦损耗的定量表征，动力学损耗角正切 $\tan\delta$ 表征每周期内热损耗能量与介质存储能量之比，更能直接地说明振动效率问题。

2. 有关音色的振动性能品质评价

音色较难进行定量化，其比振动效率的评价复杂。从音乐声学的观点，针对音色问题应该分析振动的频谱特性，即分析在频率轴上基频与各高次谐频的幅值大小、幅值分布，以及在工作频率范围内的连续频谱。乐器对音板(和共鸣箱)的要求之一是，来自弦的各种频率的振动应很均匀地增强，并将其辐射出去，以保证在整个频域的均匀性。

云杉属木材的频谱特性，其基频和 2、3 次谐频位置的谐振峰形都比较平缓，在此范围基本呈连续谱特性(而不像金属材料那样谐振峰尖锐的离散谱特性)；而且云杉木材从基频开始向各高次谐频各峰连线形成"包络线",其特性为随频率升高而连续下降的形式,大致符合 1/f 分布。而其他材料(如铝金属、丙烯酸树脂材料等)的频谱曲线与木材有很大的差异,在低频侧的若干个共振峰的峰点一直居高不下,而且铝材料的共振峰十分尖锐,共振点处峰值极高,当频率偏移时于两侧急剧下降(图 0-1),还有钢材等金属材料的频谱特性也是如此。因此,云杉属木材的频谱特性明显优于金属材料,使用该材料制作的音板能在工作频率范围内比较均匀地放大各种频率的乐音。

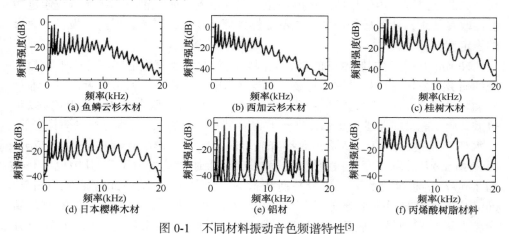

图 0-1 不同材料振动音色频谱特性[5]

从人体生理学的观点来看,人耳的等响度曲线特性对低、中频段听觉比较迟钝,对高频段听觉非常敏锐,而云杉的频谱特性的"包络线"特征,正实现了对低、中音区的迟钝补偿和对高音区的抑制,补偿了人耳"等响度曲线"造成的听觉不足,使人感觉到的乐音在各个频率范围都是均匀响度,有亲切、自然的感觉,获得良好的听觉效果。

动弹性模量 E 与动刚性模量 G 之比 E/G 可表达频谱特性曲线的"包络线"特性,能较好地评价共鸣用材振动效率和音色的综合品质。E/G 参数是描述材料在外力作用下变形方式的指标,其幅频特性与从基频开始向各高次谐频各峰点连线所形成的"包络线"特性十分相近,两者测量值呈紧密的正线性相关。E/G 值大时,说明频谱在整个频域内分布十分均匀,这种材料制成的音板就能把来自弦的振动很均匀地增强,并将其辐射出去,即音色效果好。刘一星、沈隽等的研究结果表明:云杉属木材结晶度的提高和纤丝角的减小有利于 E/G 参数的提高[6]。针对木材声学品质的实验心理调查研究表明,参数 $E \cdot \rho$ 与余音的长短、发音的敏锐程度等听觉心理量有关,而 E/G 则与乐音的自然程度、旋律的突出性、音色的深厚程度等听觉心理量有关。

3. 对发音效果稳定性的评价与改良

以木材为音板的乐器，其发音效果的稳定性主要取决于木材的抗吸湿能力和尺寸稳定性。这是因为木材具有干缩湿胀的特性，当空气湿度变化时，会引起木材含水率的变化，导致木材声学性质参数的改变而使乐器发音效果不稳定[7,8]；特别是如果木材含水率过度增高，其动弹性模量下降、损耗角正切增大以及尺寸变化产生的内应力等会导致乐器音量降低，音色也受到严重影响。因此，应研究木材吸、放湿过程对声学性质的影响规律并采取措施抑制这种不利影响，或通过功能性改良处理，使音板的声学品质不受外部环境变化的影响，保持音板发音效果的稳定性。

Norimoto 等对抑制木材的吸、放湿以改善发音效果稳定性等进行了较为系统的研究。采用弯曲振动法，对吸、放湿过程中，水分平衡和非平衡状态下木材比动弹性模量 E/ρ、动力学损耗角正切 $\tan\delta$、声辐射品质常数 R、声阻抗 ω 以及每振动周期能量损耗参数 $\tan\delta/E$ 进行了测量[9,10]。结果表明，在水分非平衡状态下，含水率对上述各个声学品质参数都有显著的影响，其影响程度按 $\omega < R < E/\rho <$ $\tan\delta < \tan\delta/E$ 的顺序变化；在吸湿过程的初期，上述影响更为显著，其中也以 $\tan\delta$ 和 $\tan\delta/E$ 的程度为大。在水分平衡状态下，含水率为 8%～20%阶段，$\tan\delta$ 和 $\tan\delta/E$ 受水分的影响十分显著。因此可认为，水分对与能量损耗相关的声学品质参数影响作用最为显著，要改良乐器音板材的发音效果稳定性，应从这个方面入手。

采用甲醛化处理和水杨醇处理、水杨醇-甲醛化等方法处理木材，能够在不降低木材原有声学性能品质的情况下，大幅度地提高抗吸湿性，使得相同高湿度环境条件下处理材的声学性能品质明显优于素材，不但起到了提高发音稳定性的作用，而且提高了声学性能品质。特别是处理后的木材还能够在全部频域获得比较均匀的降低木材内摩擦损耗的改良效果。水杨醇-甲醛化复合处理，只要配料比例适当，能够保证宽频域的改良效果；而且通过改变复合处理中的配料比例，还能够根据需要控制处理材的频率响应特性，以达到各式各样(如不同的音色)的处理效果。

0.2　乐器音板用木材面临的问题

随着人类物质生活水平的提高，人们越来越追求精神生活水平的提高，乐器作为人类一种高雅的娱乐器具，越来越受人们的欢迎，这就促使了乐器工业的快速发展。对用作乐器共鸣板的木材的要求不同于其他木材应用领域，不但要求木材不能有开裂、节子、虫眼等缺陷，而且对木材的密度、年轮宽度、年轮数及微观特征等都有具体的要求。因此，适合于制作乐器共鸣板的木材只局限于少数几种树种的木材，以及这些木材原木中的某些部位。从目前的生产看，用于生产乐器共鸣板的原木出材率一般在 10%～20%，这也说明了乐器共鸣板对其所用木材要求苛刻。

我国是乐器生产大国，乐器产值、乐器出口量均为世界第一，但也是一个木材资源极其匮乏的国家，尤其是声学品质优良的天然林大径级木材更是少之又少，当木材资源难以满足乐器企业的生产要求时，势必影响乐器行业的可持续发展。

当前，我国为缓解木材资源的供需矛盾，每年需要从国外进口大量木材资源，且比例越来越大，这不但大大提高了乐器产品的成本，而且世界性木材资源的减少，以及当前国际贸易形势的变化，势必对我国乐器制造行业产生巨大的影响，这不是维持我国乐器企业发展的长久之计。因此，需要寻找合理有效的途径来解决这一矛盾。总的来说，有三条解决途径。

(1) 人工培育新的木材资源：这是一条"远水解不了近渴"，但是"前人栽树，后人乘凉"的措施，因为木材资源的培育，尤其是声学性能优良的珍贵资源，并不是一朝一夕可以完成，对于当前来说，这条措施并不具有可行性。

(2) 优材优用，劣材优用，拓展木材资源范围：目前乐器共鸣板的传统用材资源极其匮乏，但低质速生木材资源却非常丰富，因此，在充分、高效利用传统珍贵树种资源基础上，通过改良的手段，拓展可用的木材树种种类，尤其是低质速生材树种。这对于当前的木材科学发展水平来说，是一条可以深入开展研究，可以实现的有效途径。

(3) 新型材料开发：受限于科学技术的发展，以往以木材为原料的乐器只能用木材来制作共鸣板，但随着新型材料科学与技术的发展，采用新型材料代替木材，或者是代替部分木材来制作共鸣板成为可能，同时这也是一条缓解木材资源紧缺的有效途径。

0.3　乐器共鸣板用木材声学振动性能功能性改良研究

0.3.1　木材声学振动性能功能性改良的着手点

要进行木材的声学振动性能改良，首先需要确定改良的着手点与切入点，即对影响木材声学振动性能的主要因子进行改良。前人的研究结果已表明，木材声学振动性能受众多因素影响。树种、木材的选取部位、锯切方向、所含缺陷、木材的物理构造特征(如密度、含水率、生长轮宽度、晚材率、管胞长度、微纤丝角、结晶度等)、化学性质(如所含抽提物含量、成分)等均会对木材声学振动性能产生影响[11-23]。

对于木材的树种、选取部位、锯切方向及所含缺陷等，可以在木材制材加工及选材中加以控制，易于实现。而对于生长轮宽度、晚材率、管胞长度、微纤丝角等木材的物理构造特征，是在木材生长中形成，主要受遗传因素、生长立地条件影响，一般只能通过营林培育加以适当控制，一旦形成后，不易改变。以上两个方面都不是声学性能改良的着手点。

木材的密度、含水率及吸湿特性、主要组分分子结构、抽提物含量等特性易于通过一定的化学、物理处理方法得以改变，而通过控制这些特性的变化则可实现木材声学振动性能的改良。因此，改变这些因子是改良木材声学振动性能的着手点与切入点。

0.3.2 木材声学振动性能的化学改良

木材的解剖构造及物理特性对声学性能具有显著的影响，而通过前期研究得出，木材的化学属性同样影响着其声学性能[24]。根据木材化学属性采用化学的方法对木材声学性能改良[25]，以往的研究主要是通过化学的方法提高木材的抗吸湿能力和尺寸稳定性以改善木材发音效果稳定性。在国内，张辅刚开展了木管乐器用材的防裂、防变形研究[26]。

在国外，Yano 与 Minato[27]采用化学处理的方法使木材的羟基之间形成甲醛化交联，使西加云杉木材在 150～500Hz 频率范围内，顺纹、横纹两个方向的振动内摩擦分别降低了 40%与 50%，但在高频段，振动内摩擦降低量较小；横纹方向的比动弹性模量提高了 10%，但顺纹方向的比动弹性模量值变化不大；同时木材的声学效果稳定性与抗吸湿特性均得到改善。Akitsu 等[28]采用气相甲醛及二氧化硫(FS)、气相甲醛和盐酸(FH)、液相甲醛、乙酸及盐酸(FW)、液态乙酸酐(A)、高分子量酚醛树脂(PF1)浸渍、低分子量酚醛树脂(PF2)浸渍、马来酸和甘油(MG)、环氧丙烷(PO)、环氧丁烷(BO)、无机物(氯化钡、硼酸及磷酸二铵，WIC)、聚乙二醇 10000(PEG1)浸渍、聚乙二醇 1000(PEG2)浸渍、聚乙二醇 6000(PEG3)浸渍、甲基丙烯酸甲酯处理窑干材(WM)、甲基丙烯酸甲酯处理气干材(WWM)等 16 种方法对红皮云杉木材进行化学改性；Sakai 等[29]采用简单酚类、天然多环化合物对西加云杉进行浸渍处理；Chang 等[30]采用乙二醛和羧甲基纤维素(CMC)、1,4-丁二醇(10%、20%)、丁二酸酐等对西加云杉进行处理；Obataya 等[31]采用 0%～97%湿度范围内的苏木精对西加云杉木材进行浸渍处理；Islam 等[32]用 25%、50%、75%三个水平浓度的聚乙烯醇溶液对南洋楹木进行浸渍处理。改性后的效果基本是采用损耗角正切的变化、抗吸湿性等来表征。

抽提物种类也对木材声学性能产生影响，国外较多学者针对红木开展了抽提物对其声学性能影响的研究，结果表明：抽提物可使一些热带豆科类树种(如巴西红木、黑酸枝木及阔叶黄檀)损耗角正切下降[33-41]。在用红木的抽提物对云杉木材进行浸渍处理的研究中发现，该法可以降低云杉木材的损耗角正切[42]。

从前人的研究可以看出，无论是采用化学试剂或者是采用木材提抽物处理木材，木材声学性能改良效果基本都是通过损耗角正切这一参数来评价，即通过降低吸湿性、改善木材的尺寸稳定性来使木材的声学效果保持稳定，并降低木材振动时的内摩擦能量损耗。木材的比动弹性模量、声辐射品质常数、声阻抗等与损耗角正切都是反映木材振动性能的重要指标，但从提高木材的比动弹性模量、声辐射品质常数，降低声阻抗的角度进行木材声学性能改良方面的研究涉及较少。

0.3.3 木材声学振动性能的热处理改良

木材高温热处理是利用蒸汽、氮气、水或导热油为加热介质，将木材加热至较高温度(一般 160～250℃)处理数小时，使木材组分发生物理化学变化，改善木材的尺寸稳定性、生物耐久性和机械振动性能，同时能调节木材的材色，缓和木材内部生长应力和干燥应力，并且具有良好的环境友好性[43,44]。高温热处理也是乐器用材的一种重要改性方法[45]，尤其是其能改善木材尺寸稳定性、生物耐久性，缓和木材内应力的优点对乐器音板用材来说尤其重要。

Endo 等研究了加热过程中湿度对水热处理云杉木材物理性质的影响，发现含水率越大，质量损失也就越大，木材的比动弹性模量越低[46]。而北京林业大学硕士研究生贾东宇通过高温处理改善杉木的声学性能，研究得到经过高温处理后的杉木声学性能提升明显，有些甚至高于古木的性能[47]。Yoshitaka 等研究了云杉木材在氮气保护下热处理的振动性能，结果表明，在温度为 120～200℃的氮气或空气中加热 0.5～16.0h，通过自由弯曲振动试验测量动弹性模量、动刚性模量和损耗角正切等发现，密度在较高温度和较长的加热时间时下降。比动弹性模量、比动刚性模量、结晶度指数和微晶宽度在初始阶段增加，而在初始阶段之后呈现在 120℃和 160℃下保持恒定，在更高温度下减少的规律。在所有条件下，纵向的损耗角正切增加，而径向的损耗角正切在 120℃时增加，在 160℃和 200℃时减小[48]。朱玲静[49,50]、郭臻宇[51]等也采用氮气保护对鱼鳞云杉、杨木、桉木等木材进行高温处理，并分析了各项声学振动性能参数的变化，发现不同树种木材的处理工艺有所区别，改良的效果也有差异，但在适当的热处理温度与时间条件下，可以较好改善木材的声学振动性能。在加热介质的选择上，也可用热油为介质进行加热，Mania 等以棕榈油为加热介质，通过 140℃、160℃、180℃和 200℃四种不同温度的处理，评价了 140℃、160℃、180℃和 200℃四种不同温度处理后云杉木材声学振动性能的变化，取得较好的改良效果[52]。

在对乐器用材进行热处理时，也可以辅以其他的手段，进行多种方法的联合处理。沙汀鸥分别采用高温处理、超声处理及高温超声联合的手段处理水杉，结果表明水杉纤维素的相对结晶度随着处理温度的提高、超声时间的延长以及超声功率的增加在一定范围内不断提高，但温度和超声功率超过一定的范围时木材被破坏，相对结晶度下降。相对结晶度与木材的动弹性模量之间有直接关系，同时动弹性模量与比动弹性模量之间线性相关，因此相对结晶度的变化对木材声学有着直接的影响[53]。赵美霞等采用超声、热处理及超声波-热处理联合的工艺方式对速生杉木进行处理。结果发现，在超声功率为 280W、340W、400W、时间为 8min、9min、10min 条件下，随着超声功率和超声时间的增加，木材声学振动性能呈现先增加后减小的变化规律；在 120～220℃温度范围内，随着温度的提高，木材的相对结晶度和比动弹性模量均得到明显的提升，同时对数衰减系数降低。综合这三种条件，可以发现，速生杉木声学性能改良的优化条件为：400W、8min、220℃，保温时间为 30min，改良后杉木的声学振动性能接近于陈放古木[54]。

0.3.4　木材声学振动性能的人工加速老化改良

木材老化是木材正常使用中应该避免的，但对于乐器来说，正好相反。刚制作好的任何一件乐器产品的声学性能均不是最佳的，而是随着时间的推移、演奏次数的增加，其声学品质逐渐提升、趋于完美，并达到稳定。导致乐器产品声学品质这一特性的一个重要原因是木材的老化。木材经过老化后，其各项性能指标逐步趋于稳定，内部应力也得以释放，使其振动性能趋于稳定与最佳。制作顶级乐器产品的木材一般要经过几十年、上百年，甚至几百年的自然干燥，同时，这也是木材的老化过程。当前，已经很难找到经过如此长时间自然干燥的乐器共鸣板用材资源。

乐器制作技师们已经认识到老化对乐器共鸣板用材的重要性，木材科学工作者们也在木材及木质复合材料老化方面开展了较多的研究[55-62]。

老化对木材声学性能影响的科学实证也逐步得到了重视，如采用吸湿循环处理研究泡桐、云杉、杉木等木材声学振动性能的变化，发现泡桐木材可获得最好的改善效果[63]。Hilde 等对经过长期水浸渍的美国黑松、云杉属木材的声学性能进行了研究[64]。总体来说，有关老化处理，尤其是条件比较剧烈的人工加速老化处理对木材声学振动性能影响方面的研究还未深入系统开展。

因此，基于乐器产品对木材的实际要求，研究解明老化对木材振动性能的影响机理，并在不同温度、湿度、紫外照射等条件下以人工加速老化的方式模拟自然老化，以提升木材声学振动性能，改善木材发音效果稳定性，进而改善乐器产品质量，这具有重要的科学意义与实际意义，同时也可在很大程度上降低木材资源的存储成本与时间成本，还可显著提高木材利用附加值。

0.3.5 木材声学振动性能的高能射线辐照改良

高能射线辐照方法在工业、农业领域得到了越来越广泛的应用，目前国外也将这一技术应用到了木材科学研究领域，其主要研究包括：①作为同位素指示剂；②利用放射性同位素来无损检测木材材性、材质(如密度、木材缺陷等)；③射线辐照以促进木材的热分解或糖化；④制造低聚合度的纸浆；⑤对木材进行改性，如生产木材塑料复合材，也称木塑复合材(wood-plastic combination wood-polymer composite，WPC)；⑥利用射线来固化木材表面的涂料。具体到木材的属性来说，通过高能射线辐照，木材或纤维素的物理与化学属性、力学性能均会产生显著的变化，如使纤维素分子链聚合度、结晶度、纤维素的密度、抗弯强度等产生变化[65-73]。因此这为进行木材的声学性能功能性改良提供了一定的理论基础与依据。但就目前来说，国内外还未开展相关的研究。

激光技术在医学、工业领域也得到了广泛的应用，在乐器研究领域，主要用来检测乐器共鸣音板的振动模态；在木材加工领域，可以应用激光技术进行木材切割、表面粗糙度、木段轮廓数字化等方面的研究[74-78]，也有学者分析了在激光作用下材色、化学成分的变化[79-81]，但在木材材性改良方面的研究相对较少。吉林省文化科技研究所与中国科学院长春光学精密机械与物理研究所就激光技术应用于民族乐器共鸣板的改良开展了初步的探索工作，并取得了较好改良效果，可使乐器声学品质得到明显提高，这也初步证明了，应用激光照射技术进行木材的声学振动性能功能性改良具有可行性。

0.3.6 乐器共鸣板传统用材的替代树种研究

在乐器的生产中，钢琴、小提琴等西洋乐器的共鸣音板一般以云杉属木材为原材料，而琵琶、阮、月琴等我国民族乐器的共鸣面板则一般以泡桐木材为原材料。之所以只有特定的几种树种木材可用作共鸣板的原材料，是因为云杉、泡桐等木材相对于其他树种木材具有更好的振动特性。

也正是因为只有少数树种木材可用作乐器共鸣板的原材料，当这些木材资源越来越少，甚至枯竭时，势必对乐器生产造成极大影响，因此，尽早找到替代传统共鸣板用材的树种资源显得异常重要与愈发迫切，针对这一问题，Ahmed 等比较了热改性木材(桦木、白杨和桦木)、乙酰化木材(山毛榉、枫木和辐射松)、三聚氰胺和酚甲醛处理山毛榉和糠化苏格兰松等不同改性处理木材在不同湿度条件下的声学振动性能差异，结果表明不同改性木材材料可以代替常用木材在需要特定声音特性的乐器中找到用途[82]。

我国是天然林资源匮乏，而人工林资源丰富的国家，但人工林木材一般材质低，不易利用。为了实现低质木材高效利用的目的，木材科学工作者也开展了大量的研究工作[83-86]。如果能将低质木材应用到乐器共鸣板生产中，将大大提高其使用附加值[87]。因此，通过对低质速生木材进行一定的改性处理，使其达到乐器共鸣板用材的要求，具有重要的实际意义。

0.4　乐器共鸣板用新型材料的研究

木材随环境温湿度变化而产生的干缩湿胀特性是影响其发音效果稳定性的主要不利因素，同时，随着材料科学技术的发展及可用于乐器共鸣板的木材资源减少，相关科学工作者探索采用新型材料替代木材制作乐器共鸣板的可能性[88,89]，并且出现了一些新型材料制成的乐器[90-92]。

Kord 等研究了通过改性蒙脱石改性的木塑复合材(聚丙烯：木粉=50：50，质量比)的声学性能[93]。小野晃明等研究了以玻璃纤维、碳纤维为增强材料，聚氨酯泡沫为基质制作的复合材料的振动特性和频率响应特性，并将此与适合做乐器音板的西加云杉作比较[94]。后来，小野晃明等又对碳纤维增强复合材料的结构进行改进，将复合材料做成三层对称的结构，表层是碳纤维轴向增强层，第二层是碳纤维径向增强层，中心层是聚氨酯泡沫层，这种复合材料在保持低密度的条件下，径向动弹性模量与顺纹-径面动刚性模量都得到改善，频率响应特性也与西加云杉相似[95]。而印度学者也用碳纤维材料与环氧树脂为表层、木材为芯层所做成的三明治结构材料来替代传统的木材做印度的传统打击乐器[96,97]。作者所在课题组也针对碳纤维材料在乐器共鸣板方面的应用进行了初步的探索，并申请了专利(ZL201220197943.4)。最近，又有学者比较了以碳纤维、玻璃纤维、麻纤维为增强材料的复合材料的声学特性，分析了它们作为乐器共鸣板用材的可能性[98-101]。虽然通过测试分析得出碳纤维增强材料的声学性能接近西加云杉木材的结论，但实际制作乐器后，乐器产品的声学性能还未能达到理想的效果。这主要是因为针对乐器共鸣板用新型材料的声学振动性能研究及其制备工艺对声学性能的影响并没有受到太多的关注，这限制了新型材料的实际应用。因此，应用新型材料代替传统材料还需进一步深入研究。

碳纤维材料具有优良的力学与弹性属性，目前碳纤维材料的制作工艺比较成熟，且可以根据需要排布碳纤维的排列方向，日本学者小野晃明的前期研究工作也表明将碳纤维材料应用到乐器共鸣板中具有可行性。因此，进一步开展相关研究，对于乐器行业的发展具有积极的意义。

0.5　本书的主要内容

我国是乐器生产大国，但又是一个木材资源极其匮乏的国家，通过功能性改良的方法，提高现有木材资源的声学振动性能，扩展乐器共鸣板用材资源范围，以达到乐器共鸣板用材资源劣材优用、高效利用，提高乐器产品的声学品质与附加值的目的，以及开发新型的乐器共鸣板用材料，对于保持乐器行业的可持续发展具有积极的意义。本书总结了著者所在课题组近年来所做的相关研究工作，主要内容包括以下三个部分：

第一部分：木材声学振动性能测试方法。

第二部分：采用自然陈化、抽提及浸渍的方法进行木材声学性能功能性改良的研究。

第三部分：乐器共鸣音板用新型材料的声学振动性能研究。

参 考 文 献

[1] Sproßmann R, Zauer M, Wagenführ A. Characterization of acoustic and mechanical properties of common tropical woods used in classical guitars[J]. Results in Physics, 2017, (7): 1737-1742.

[2] 吕少一, 刘美宏, 彭立民, 等. 木质材料在乐器与音箱领域的应用进展[J]. 木材工业, 2020, 34(1):25-29.

[3] 陈振兴, 周永东, 周凡, 等. 钢琴制造对木质材料及生产加工的要求[J]. 木材科学与技术, 2021, 35(3): 6-11.

[4] Bennett B C. The sound of trees: wood selection in guitars and other chordophones[J]. Economic Botany, 2016, 70(1): 49-63.

[5] 刘一星, 于海鹏, 赵荣军. 木质环境学[M]. 北京: 科学出版社, 2007.

[6] 刘一星, 沈隽, 刘镇波, 等. 结晶度对云杉属木材声振动特性参数影响的研究[J]. 东北林业大学学报, 2001, 29(2): 4-6.

[7] 熊玮. 含水率对小提琴音板刚度的影响[D]. 北京: 中央音乐学院, 2016.

[8] Lu J X, Jiang J L, Wu Y Q, et al. Effect of moisture sorption state on vibrational properties of wood[J]. Forest Products Journal, 2012, 62(3): 171-176.

[9] Norimoto M, Tanaka F, Ohgama T, et al. Specific dynamic Young's modulus and internal friction of wood in the longitudinal direction[J]. Wood Research Technical Notes, 1986, 22: 53-65.

[10] Norimoto M. Structure and properties of wood used for musical instruments Ⅰ [J]. Mokuzai Gakkaishi, 1982, 28(7): 407-413.

[11] 张辅刚. 音板用材的锯切方法及技术条件[J]. 中国木材, 1991, 1(8): 28-29.

[12] 张辅刚. 乐器用原木的选择[J]. 中国木材, 1991, 1(8): 30.

[13] 刘一星, 沈隽, 刘镇波. 云杉(Picea)属木材の振动特性に関する研究(Ⅰ)-年轮幅, 晚材率が振动特性パラメ-タ-に及ぼす影响[C]. 东京: 日本木材学会大会, 2001.

[14] 刘一星, 沈隽, 刘镇波, 等. 结晶度对云杉属木材声振动特性参数影响的研究[J]. 东北林业大学学报, 2001, 29(2): 4-6.

[15] 沈隽, 刘一星, 田站礼, 等. 云杉属木材密度与声振动特性参数之间关系的研究[J]. 华中农业大学学报, 2001, 20(2): 181-184.

[16] 沈隽, 刘一星, 刘镇波. 纤丝角对云杉属木材声振动特性的影响[J]. 东北林业大学学报, 2002, 30(5): 50-52.

[17] 沈隽, 刘一星, 刘明, 等. 云杉属木材生长轮宽度变异系数对声振动参数的影响[J]. 东北林业大学学报, 2005, 33(5): 27-29.

[18] 马丽娜. 木材构造与声振动性质的关系研究[D]. 合肥: 安徽农业大学, 2005.

[19] Matsunaga M, Sugiyama M, Minato K, et al, Physical and mechanical properties required for violin bow materials[J]. Holzforschung, 1996, 50: 511-517.

[20] Bremaud I. Acoustical properties of wood in string instruments soundboards and tuned idiophones biological and cultural diversity[J]. Journal of the Acoustical Society of America, 2012, 131: 807-818.

[21] Bremaud I, EI-Kaim Y, Guibal D, et al. Characterisation and categorisation of the diversity in viscoelastic vibrational properties between 98 wood types[J]. Annals of Forest Science, 2012, 69: 373-386.

[22] Xu W, Wu Z H, Zhang J L. Effects of species and growth ring angles on acoustic performance of wood as resonance boards[J]. Wood and Fiber Science, 2014, 46(3): 412-420.

[23] Shepherd M R, Hambric S A, Wess D B. The effects of wood variability on the free vibration of an acoustic guitar top plate[J]. Journal of the Acoustical Society of America, 2014, 136(5): EL357-EL361.

[24] 秦丽丽, 苗媛媛, 刘镇波. 泡桐木材主要物理特征及化学组分对其声学振动性能的影响[J]. 森林工程, 2017, 33(4): 34-39.

[25] Papadopoulos A N, Bikiaris D N, Mitropoulos A C, et al. Nanomaterials and chemical modifications for enhanced key wood properties: A review[J]. Nanomaterials, 2019, 9(4): 607.

[26] 张辅刚. 木管乐器用材防裂防变形处理[J]. 中国木材, 1992, 2(15): 38-39.

[27] Yano H, Minato K. Improvement of the acoustic and hygroscopic properties of wood by a chemical treatment and application to the violin parts[J]. Journal of the Acoustical Society of America, 1992, 92(3): 1222-1227.

[28] Akitsu H, Norimoto M, Morooka T, et al. Effect of humidity on vibrational properties of chemically modified wood[J]. Wood and Fiber Science, 1993, 25(3): 250-260.

[29] Sakai K, Masahiro M, Minato K, et al. Effects of impregnation of simple phenolics and natural polycyclic compounds on physical properties of wood[J]. Journal of Wood Science, 1999, 45: 227-232.

[30] Chang S T, Chang H T, Huang Y S, et al. Effects of chemical modification reagents on acoustic properties of wood[J]. Holzforschung, 2000, 54(6): 669-675.

[31] Obataya E, Minato K, Tomita B. Influence of moisture content on the vibrational properties of hematoxylin-impregnated wood[J]. Journal of Wood Science, 2001, 47: 317-321.

[32] Islam M S, Hamdan S, Rahman M R, et al. Dynamic Young's modulus and dimensional stability

of batai tropical wood impregnated with polyvinyl alcohol[J]. Journal of Scientific Research, 2010, 2(2): 227-236.

[33] Matsunaga M, Minato K, Nakatsubo F. Vibrational property changes of spruce wood by impregnation with water-soluble extractives of pernambuco (*Guilandina echinata* Spreng.)[J]. Journal of Wood Science, 1999, 45: 470-474.

[34] Matsunaga M, Sakai K, Kamitakahara H, et al. Vibrational property changes of spruce wood by impregnation with water-soluble extractives of pernambuco (*Guilandina echinata* Spreng.). II. structural analysis of extractive components[J]. Journal of Wood Science, 2000, 46: 253-257.

[35] Bremaud I. Diversité des bois utilisés ou utilisables en facture d'instruments de musique[D]. Montpellier: Université Montpellier II, 2006: 295.

[36] Obataya E, Ono T, Norimoto M. Vibrational properties of wood along the grain[J]. Journal of Materials Science, 2000, 35: 2993-3001.

[37] Bremaud I, Cabrolier P, Gril J, et al. Identification of anisotropic vibrational properties of Padauk wood with interlocked grain[J]. Wood Science and Technology, 2010, 44: 355-367.

[38] Bremaud I, Minato K, Langbour P, et al. Physico-chemical indicators of inter-specific variability in vibration damping of wood[J]. Annals of Forest Science, 2010, 67: 707.

[39] Bremaud I, Amusant N, Minato K, et al. Effect of extractives on vibrational properties of African Padauk (*Pterocarpus soyauxii Taub.*)[J]. Wood Science and Techndogy, 2011, 45(3): 461-472.

[40] Traore B, Brancheriau L, Perre P, et al. Acoustic quality of vène wood(*Pterocarpus erinaceus* Poir.) for xylophone instrument manufacture in Mali[J]. Annals of Forest Science, 2010, 67(8): 8151-8157.

[41] Sakai K, Masahiro M, Minato K, et al. Effects of impregnation of simple phenolics and natural polycyclic compounds on physical properties of wood[J]. Journal of Wood Science，1999, 45: 227-232.

[42] Minato K, Konaka Y, Bremaud I, et al. Extractives of muirapiranga (*Brosimum* spp.) and its effects on the vibrational properties of wood[J]. Journal of Wood Science, 2010, 46: 41-46.

[43] 江泽慧, 邓丽萍, 宋荣臻, 等. 木竹材声学振动特性研究进展[J]. 世界林业研究, 2021, 34(2): 1-7.

[44] 顾炼百, 丁涛, 江宁. 木材热处理研究及产业化进展[J]. 林业工程学报, 2019, 4(4): 1-11.

[45] Zauer M, Kowalewski A, Sproßmann R, et al. Thermal modification of European beech at relatively mild temperatures for the use in electric bass guitars[J]. European Journal of Wood & Wood Products, 2016, 74(1): 43-48.

[46] Endo K, Obataya E, Zeniya N, et al. Effects of heating humidity on the physical properties of hydrothermally treated spruce wood[J]. Wood Science and Technology, 2016, 50(6): 1161-1179.

[47] 贾东宇. 高温热处理对杉木声学性能的影响[D]. 北京: 北京林业大学, 2010.

[48] Hisashi O, Yoshitaka K, Mario T, et al. Vibrational properties of wetwood of todomatsu (*Abies sachalinensis*) at high temperature[J]. Journal of Wood Science, 2007, 53(2): 134-138.

[49] Zhu L J, Liu Y X, Liu Z B. Effect of high-temperature heat treatment on the acoustic-vibration performance of *picea jezoensis*[J]. BioResources, 2016, 11(2): 4921-4934.

[50] 朱玲静, 刘一星, 刘镇波, 等. 高温热处理对尾叶桉木材声学振动性能的影响[J]. 广西林

业科学, 2017, 46(2): 140-145.

[51] 郭臻宇, 连弘扬, 李丽沙, 等. 炭化处理对杨木声学振动特性的影响[J]. 森林工程, 2016, 32(4): 41-45.

[52] Mania P, Gąsiorek M. Acoustic properties of resonant spruce wood modified using 9 oil-heat treatment (OHT)[J]. Materials, 2020, 13(8): 1962.

[53] 沙汀鸥. 高温/超声波预处理对水杉振动性能影响的研究[D]. 北京: 北京林业大学, 2015.

[54] 赵美霞, 康柳, 储德森, 等. 超声/高温热处理对古琴面板声学性能的影响[J]. 木材加工机械, 2016, 27(4): 45-50.

[55] 杨丽丽, 肖生苓. 木质剩余物复合材料老化问题的分析[J]. 森林工程, 2008, 24(6): 64-66.

[56] 徐明刚, 邱洪兴. 古建筑木结构老化问题研究新思路[J]. 工程抗震与加固改造, 2009, 31(2): 96-99.

[57] Bhat I H, Khalil H P S A, Awang K B, et al. Effect of weathering on physical, mechanical and morphological properties of chemically modified wood materials[J]. Materials & Design, 2010, 31(9): 4363-4368.

[58] Yildiz S, Yildiz U C, Tomak E D. The effects of natural weathering on the properties of heat-treated alder wood[J]. BioResources, 2011, 6(3): 2504-2521.

[59] 杨洋, 张蕾, 李能, 等. 户外用木材耐光老化技术研究进展[J]. 林产工业, 2020, 57(9): 49-52.

[60] Cai C, Herjrvi H, Haapala A. Effects of environmental conditions on physical and mechanical properties of thermally modified wood[J]. Canadian Journal of Forest Research, 2019, 49(11): 1434-1440.

[61] Kumar S, Vedrtnam A, Pawar S J. Effect of wood dust type on mechanical, wear behavior, biodegradability, and resistance to natural weathering of wood plastic composites[J]. Frontiers of Structural and Civil Engineering, 2019, 13: 1446-1462.

[62] Kim Y S. Current researches on the protection of exterior wood from weathering[J]. Journal of the Korean Wood Science and Technology, 2018, 46(5): 449-470.

[63] 余德倩, 赵晨鹏, 翟胜丞, 等. 吸湿循环处理对常用乐器用材声学振动性能的影响[J]. 林业工程学报 2021, 6(5): 61-67.

[64] Hilde C, Woodward R, Avramidis S, et al. The acoustic properties of water submerged lodgepole pine (*Pinus contorta*) and spruce (*Picea* spp.) wood and their suitability for use as musical instruments[J]. Materials, 2014, 7(8): 5688-5699.

[65] 王洁瑛, 赵广杰. γ射线辐射对木材构造和材性的影响[J]. 北京林业大学学报, 2001, 23(5): 52-56.

[66] Wang J Y, Zhao G J. Fixation and creep of compressed wood of Chinese fir irradiated with gamma rays[J]. Forestry Studies in China, 2002, 3(1): 58-65.

[67] Borysiak S. A study of transcrystallinity in polypropylene in the presence of wood irradiated with gamma rays[J]. Journal of Thermal Analysis and Calorimetry, 2010, 101(2): 439-445.

[68] Rimdusit S, Wongsongyot S, Jittarom S, et al. Effects of gamma irradiation with and without compatibilizer on the mechanical properties of polypropylene/wood flour composites[J]. Journal of Polymer Research, 2011, 18(4): 801-809.

[69] Despot R, Hasan M, Rapp A O, et al. Changes in selected properties of wood caused by gamma

radiation[M]. Rijeka: In Tech, 2012, 3: 281-304.

[70] Wang K Q, Xiong X Y, Chen J P, et al. Effect of gamma irradiation on microcrystalline structure of phragmites cellulose[J]. Wood and Fiber Science, 2011, 43(2): 225-231.

[71] Zhang L B, Zheng W X, Wang Z M, et al. Efficient degradation of lignin in raw wood via pretreatment with heteropoly acids in gamma-valerolactone/water[J]. Bioresource Technology, 2018, 261: 70-75.

[72] Zahran N F, Hamza A F, Ramadan M H. Gamma irradiation as alternative treatment for controlling lyctus africanus lesne (Coleoptera: Bostrichidae) in dry wood[J]. Egyptian Journal of Biological Pest Control, 2016, 26(1):97-101.

[73] Munir M T, Pailhoriès H, Eveillard M, et al. Experimental parameters influence the observed antimicrobial response of oak wood (*Quercus petraea*)[J]. Antibiotics, 2020, 9(9):535.

[74] 袁得春, 韩玉杰. 计算机控制激光在线检测木材表面粗糙度[J]. 东北林业大学学报, 2010, (5): 126-127.

[75] 刘芳, 王楠, 刘渝. 基于激光三角法测距的木段轮廓数字化研究[J]. 木材工业, 2012, (5): 49-51.

[76] Hernández-Castañeda J C, Sezer H K, Li L. The effect of moisture content in fibre laser cutting of pine wood[J]. Optics and Lasers in Engineering, 2011, 49(9-10): 1139-1152.

[77] Liu Q, Yang C, Xue B, et al. Processing technology and experimental analysis of gas-assisted laser cut micro thin wood[J]. BioResources, 2020, 15(3): 5366-5378.

[78] Jurek M, Wagnerová R. Laser beam calibration for wood surface colour treatment[J]. European Journal of Wood and Wood Products, 2021, 79(5):1097-1107.

[79] Sandberg D, Kutnar A, Karlsson O, et al. Wood Modification Techndogies Principles, Sustainability, and the Need for Znnoration[M]. BocaRaton: CRC Press, 2021.

[80] Rosu D, Teaca C A, Bodirlau R, et al. FTIR and color change of the modified wood as a result of artificial light irradiation[J]. Journal of Photochemistry and Photobiology B: Biology, 2010, 99(3): 144-149.

[81] Kaík F, Kubovský I. Chemical changes of beech wood due to CO_2 laser irradiation[J]. Journal of Photochemistry and Photobiology A: Chemistry, 2011, 222(1): 105-110.

[82] Ahmed S A, Adamopoulos S. Acoustic properties of modified wood under different humid conditions and their relevance for musical instruments[J]. Applied Acoustics, 2018, 140(11): 92-99.

[83] 詹先旭, 张伟, 谢序勤, 等. 速生木材的增强改性研究进展[J]. 家具, 2019, 40(1): 13-21.

[84] 涂登云, 陈川富, 周桥芳, 等. 木材压缩改性技术研究进展[J]. 林业工程学报, 2021, 6(1): 13-20.

[85] 杨洋, 张蕾, 宋菲菲, 等. 人工林速生材高值化利用研究进展[J]. 林产工业, 2020, 57(5): 53-55.

[86] 毛逸群, 徐伟. 家居用速生材改性现状研究[J]. 家具与室内装饰, 2019, (6): 13-15.

[87] Longuil E L, de Lima I L, Lombardi D R, et al. Woods with physical, mechanical and acoustic properties similar to those of caesalpinia echinata have high potential as alternative woods for bow makers[J]. CERNE, 2014, 20(3): 369-376.

[88] 刘镇波, 刘一星, 李坚, 等. 实木碳纤维布复合音板[P]. 中国: CN202512861U, 2012-10-31.

[89] Philips S, Lessard L. Application of natural fiber composites to musical instrument top plates[J]. Journal of Composite Materials, 2012, 46: 145-154.

[90] 赵春婷. 近十年来乐器行业技术发展现状及趋势调查研究报告(二)[J]. 乐器, 2021, (7): 100-103.

[91] 赵春婷. 近十年来乐器行业技术发展现状及趋势调查研究报告(三)[J]. 乐器, 2021, (8): 97-99.

[92] 张婷婷. 碳纤维复合材料在乐器中的有效应用分析[J]. 粘接, 2019, 40(7): 81-83.

[93] Kord B, Tajik M. Effect of organomodified montmorillonite on acoustic properties of wood-plastic nanocomposites[J]. Journal of Thermoplastic Composite Materials, 2014, 27(6): 731-740.

[94] Ono T, Miyakoshi S, Watanabe U. Acoustic characteristics of unidirectionally fiber-reinforced polyuret hane foam composites for musical instrument soundboards[J]. Acoustical Science and Technology, 2002, 23(3): 135-142.

[95] Ono T, Isomura D. Acoustic characteristics of carbon fiber-reinforced synthetic wood for musical instrument soundboards[J]. Acoustical Science and Technology, 2004, 25(6): 475-477.

[96] Damodaran A, Mansour H, Lessard L, et al. Application of composite materials to the chenda, an Indian percussion instrument[J]. Applied Acoustics, 2015, 88: 1-5.

[97] Damodaran A, Lessard L, Babu A S. An overview of fibre-reinforced composites for musical instrument soundboards[J]. Acoustics Australia, 2015, 43(1): 117-122.

[98] Jalili M M, Mousavi S Y, Pirayeshfar A S. Investigating the acoustical properties of carbon fiber-, glass fiber-, and hemp fiber-reinforced polyester composites[J]. Polymer Composites, 2014, 35(11): 2103-2111.

[99] Prabhakarana S, Krishnarajb V, Senthil kumarc M, et al. Sound and vibration damping properties of flax fiber reinforced composites[J]. Procedia Engineering, 2014, 97: 573-581.

[100] Ukshini E, Dirckx J. Longitudinal and transversal elasticity of natural and artificial materials for musical instrument reeds[J]. Materials, 2020, 13(20): 4566.

[101] Yoshitaka K, Tarkeshio, Masamitsu O. Vibrational properties of sitka sqruce heat-treated introgegas[J]. Journal of Wood Science, 1998, 44(1): 73-77.

第 1 章 木材声学振动性能测试方法

木材声学性质是指声波入射到木材上所呈现出的反射、吸收和透射特性，或者声波在木材中传递的特性，它是木材的一种物理特性，包括木材的振动特性、传声特性、空间声学性质(吸收、反射、透射)及乐器声学性能品质等。与乐器音板振动及声能辐射相关的声学性能称为木材声学振动性能。

振动是木材传声与辐射声能的基础，因此，首先需要了解木材的振动。振动是指物体(或物体的一部分)沿直线或曲线，以一定的时间周期经过其平衡位置所做的往复运动。当一定强度周期机械力或声波作用于木材时，木材会被激励而振动(受迫振动)，其振幅的大小取决于作用力的大小和振动频率。在强度稳定而周期变化的外力作用下，能够在特定的频率下使振幅急剧增大并得到最大振幅，这种现象称为共振。最大振幅对应的频率称为共振频率或固有频率。物体的固有频率由它的几何形状、形体尺寸、材料本身的特性(动弹性模量、密度等)和振动的方式等综合决定。但是，在给定振动方式、形体几何形状和尺寸的情况下，则固有频率完全取决于材料本身的特性。木材受到瞬间的冲击力(如敲击)之后，也会按照其固有频率发生振动，并能够维持一定时间的振动。由于内部摩擦的能量衰减作用，这种振动的振幅不断地减小，直至振动能量全部衰减消失为止。这种振动为衰减的自由振动或阻尼自由振动。

1.1 木材的基本振动方式

木材同其他固体材料一样，通常有三种基本振动方式，即纵向振动、横向振动(弯曲振动)和扭转振动。

1.1.1 纵向振动

纵向振动是振动单元(质点)的位移方向与由此位移产生的介质内应力方向相平行的振动，见图 1-1(a)。运动中不包含介质的弯曲和扭转、波动成分，为纯纵波。叩击木材一个端面时木材内产生的振动和木棒的一个端面受到超声脉冲作用时木材内产生的振动都是纵向振动。纵向振动可以看作在动力学情况下，类似于静力学中压缩荷载作用于短柱的现象。

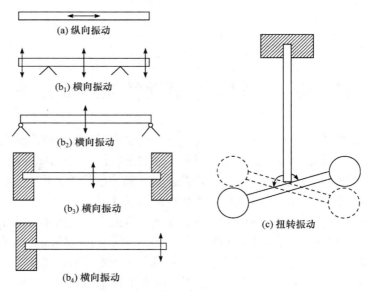

图 1-1　木材振动的基本类型

设木棒长度为 L，密度为 ρ，动弹性模量为 E，则长度方向的声速 v 和共振频率 f 按式(1-1)、式(1-2)求得：

$$v = \sqrt{\frac{E}{\rho}} \tag{1-1}$$

$$f = \frac{iv}{2L} = \frac{i}{2L}\sqrt{\frac{E}{\rho}} \tag{1-2}$$

式中：i——共振频率系数，其值由共振频率阶次决定。

木材的纵向振动，除了在基本共振频率 f_r(以下简称基频，$i=1$)发生共振之外，在 f_r 的整倍数频率处也发生共振，称为高次谐振动或倍频谐振动。

1.1.2　横向振动

横向振动是指振动单元(质点)的位移方向和引起的应力方向互相垂直的运动。横向振动包括弯曲运动。通常在木结构和乐器上使用的木材，在工作时主要是横向弯曲振动，如钢琴的音板(振动时以弯曲振动为主，但属于复杂的板振动)、木横梁静态弯曲相对应的动态弯曲振动等，可以认为是横向振动。

木棒横向振动的共振频率通常比它的纵向共振频率低得多。横向共振频率不仅取决于木材试样的几何形状、尺寸和声速，且与木材的固定(或支撑)方式，即振动运动受到抑制的方式有关。矩形试件的共振动频率 f_n 可由式(1-3)表示：

$$f_n = \frac{\beta^2 hv}{4\sqrt{3}\pi^2} L^2 = \frac{\beta^2 h}{4\sqrt{3}\pi^2} L^2 \sqrt{\frac{E}{\rho}} \tag{1-3}$$

式中：L——试件长度(m)；h——试件厚度(m)；v——试件的传声速度(长度方向)(m/s)；β——与试件边界条件有关的常数；n——振动阶次。

当木材试样处于两端自由的边界条件时，且在对应于基频振动节点处支撑(支点距两端点的距离均为试件长度的 22.4%位置)的情况下，见图 1-1(b_1)，用式(1-3)计算基频时，β_1 应为 4.73。其 2 次、3 次直至 n 次谐频的 β 值，分别以 β_2、β_3、…、β_n 代表；β_2=7.853，β_3=10.996，当 $n>3$ 时，β_n=$(n+1/2)\pi$，其前三阶振型如图 1-2(a) 所示。当木材试件处于两端简支条件时，见图 1-1(b_2)，在计算基频 f_r 时：β_1=3.141；计算谐频时：β_2=6.282，β_3=9.42，其前三阶振型如图 1-2(b)所示。当木材试件处于两端固定条件时，见图 1-1(b_3)，在计算基频 f_r 时：β_1=1.211；计算谐频时：β_2=2.045，β_3=4.000[1,2]，其前三阶振型如图 1-2(c)所示。当木材试样处于一端固定而另一端自由的边界条件下(悬臂梁式)，见图 1-1(b_4)，在计算基频 f_r 时：β_1=1.875；计算谐频时：β_2=4.694，β_3=7.855，当 $n>3$ 时，β_n=$(n-1/2)\pi$，其前三阶振型如图 1-2(d)所示。

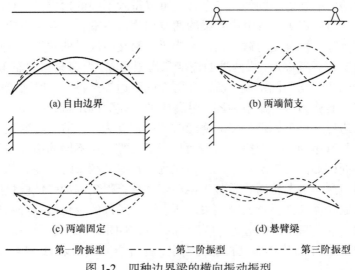

(a) 自由边界　　　　　　　　　　(b) 两端简支

(c) 两端固定　　　　　　　　　　(d) 悬臂梁

———— 第一阶振型　　—-—-— 第二阶振型　　------- 第三阶振型

图 1-2　四种边界梁的横向振动振型

1.1.3　扭转振动

扭转振动是振动单元(质点)的位移方向围绕试件长轴进行回转，如此往复周期性扭转的振动，见图 1-1(c)。在做扭转振动时，木材试件内抵抗这种扭转力矩的应力参数为动刚性模量 G，或称作剪切动弹性模量。如果木棒的惯性矩与外加质量的惯性矩相比可以忽略不计，则试件基本共振频率 f_n 取决于该外加质量的惯性矩 I、试件的尺寸和动刚性模量 G，f_n 的计算如式(1-4)所示：

$$f_n = r^2 \sqrt{\frac{G}{8\pi \cdot I \cdot L}} \tag{1-4}$$

式中：r——试件圆截面的半径；L——试件的长度。

1.2　木材振动共振频率的测定

在乐器中，木材一般是以横向振动(即弯曲振动)的方式工作，因此，应基于横向振动原理来进行木材声学振动性能的测定。在对乐器共鸣板用木材进行振动性能测试时，可以根据结构力学的理论将其视作一种理想状态下的细长梁。当板材沿着垂直于板面的方向产生横向(弯曲)振动时，不同的边界条件会对板材边界施加不同的约束，从而改变板材的振动模态。

根据结构力学，在梁的横向振动中，梁的实际频率与振动模态由梁的边界来决定，对梁的两端施以不同的约束条件，可以得到不同的边界。常见的边界约束有自由、简支与固定等。自由边界梁的两端均为自由端，所以自由边界梁两端的剪力与弯矩为零，而挠度与截面角度不为零。两端简支梁的两端均为简支端，所以在两端简支边界条件下，梁两端的挠度和弯矩为零，而剪力与截面角度不为零。两端固定梁的两端均为固定端，所以在两端固定边界条件下，梁两端的挠度与截面角度为零，而剪力与弯矩不为零。悬臂梁的一端为固定端，一端为自由端，所以在悬臂梁边界条件下，梁一端的挠度与截面角度为零，剪力与弯矩不为零，另一端的剪力与弯矩为零，而挠度与截面角度不为零。在不同的边界条件下，梁的振动模态不同，如图 1-2 所示。因此，检测木材振动频率时，边界的不同会影响振动频率的检测结果，从而导致基于振动频率计算得到的动弹性模量的变化。而声学振动参数与动弹性模量紧密相关，所以边界条件的变化影响着木材声学振动性能的检测。本章基于自由边界、两端简支、两端固定、悬臂梁(一端自由一端固定)四种边界进行木材声学振动性能的测定，并分析测试结果的差异。试验原理如图 1-3～图 1-6 所示。

在测试时，将高灵敏度、宽频带、低噪声的微音器置于试件一端或中部，然后转动端部带有转轴的刀片以敲击试件的另一端或中部的上面。微音器将采集到的信号经放大、滤波后传到快速傅里叶变换(FFT)频谱分析仪(CF-5220Z)进行解析，得到共振频率。对于两端自由的边界条件，将弹性三角支架支撑在试件的基频振动节点位置(距离试件两端总长度的 22.4%)，如图 1-3 所示；对于两端简支的

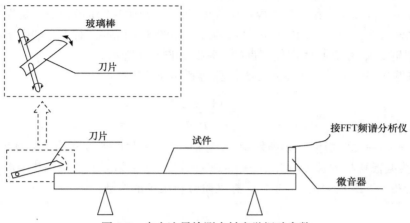

图 1-3　自由边界检测木材声学振动参数

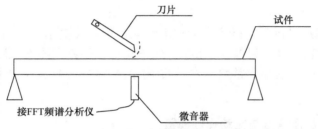

图 1-4　两端简支检测木材声学振动参数

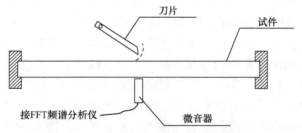

图 1-5　两端固定检测木材声学振动参数

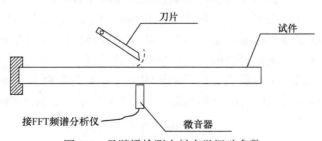

图 1-6　悬臂梁检测木材声学振动参数

边界条件，将弹性三角支架支撑在试件的两端，如图 1-4 所示；对于两端固定测量的边界条件，用夹具固定住试件的两端，如图 1-5 所示；对于一端固定的边界条件(悬臂梁)，用夹具固定住试件的一端，如图 1-6 所示。

测得共振频率后，利用式(1-5)计算得到动弹性模量。

$$E = \frac{48\pi^2 L^4 \rho f^2}{\beta^4 h^2} \tag{1-5}$$

式中：E——共振板素材动弹性模量(GPa)；f——共振板素材的共振频率(Hz)；L——共振板素材的长度(m)；h——共振板素材的厚度(m)；ρ——共振板素材的密度(kg/m³)；β——由边界条件、振动阶数所决定的系数。

1.3　木材声学振动性能的主要指标

乐器对其共鸣板用木材的声学振动性能有极高的要求，木材声学振动性能可从振动的声辐射性能以及振动能量的分配、消耗等方面体现，主要指标包括比动弹性模量、声辐射品质常数、木材的(内摩擦)对数衰减系数(或损耗角正切)、声阻抗等。

1.3.1　声辐射品质常数与比动弹性模量

在木材受瞬时冲击力产生横向振动，或者在受迫振动过程中突然中止外部激振力的情况下，观察木材的振动随时间的变化，可以看出，木材的振动能量逐渐减小，振幅逐渐降低，直至能量全部消失，恢复到静止状态。产生这种现象的原因是试件所获得的能量在振动过程中被消耗而衰减。木材的振动能量衰减由两个部分组成：一部分相当于向空气中辐射能量时为克服空气阻力所消耗的能量，这部分能量以声波的形式辐射到空气中，由此产生的衰减为声辐射衰减；另一部分是由于在木材内及周围的接触固定界面上的能量吸收，即由内部分子间的摩擦和界面上的摩擦，将动能转变为热能而被消耗，这种能量衰减称为内摩擦衰减或损耗衰减。从上述分析来看，木材振动所消耗的能量是用于声能辐射的能量分量和消耗于内摩擦的能量分量的组合。消耗于内摩擦等热损耗因素的能量越小，用于声辐射的能量越大，则声振动的能量转换效率就越高。

木材及其制品的声辐射能力，即向周围空气辐射声功率的大小，与传声速度成正比，与密度ρ成反比，用声辐射阻尼系数 R 来表示，见式(1-6)：

$$R = \frac{v}{\rho} = \sqrt{\frac{E}{\rho^3}} \tag{1-6}$$

声辐射阻尼系数又称声辐射品质常数，这是因为人们常常用它来评价材料声辐射品质的好坏。木材用作乐器的共鸣板(音板)时，应尽量选用声辐射品质常数较高的树种。木材的声辐射品质常数随树种不同有很大的变化。通常密度高的树种，其动弹性模量也高，但声辐射品质常数往往比较低。因此又引入了比动弹性模量指标。

比动弹性模量是表征木材声学振动性能的重要指标，其是材料的动弹性模量(E)与密度(ρ)之比，即 E/ρ。它可以代表材料除空腔之外的动弹性模量，能够以此判别振动加速度的大小。对于木材而言，E/ρ代表顺纹方向细胞壁的平均动弹性模量。因此，在进行乐器共鸣板用木材的选材时，应该尽量选用声辐射品质常数、比动弹性模量高的木材。

1.3.2　内摩擦损耗对数衰减系数与动力学损耗角正切

受外部冲击力或周期力作用而振动的木材，当外力作用停止之后，其振动处于阻尼振动状态，振幅随时间的增大按负指数规律衰减，如图 1-7(a)所示。木材的这种因摩擦损耗所引起的能量损耗用对数衰减系数δ来表示，其大小为两个连续振动周期振幅值之比的自然对数，又称对数缩减量，计算如式(1-7)所示：

$$\delta = \ln \frac{A_1}{A_2} = \alpha T_0 \tag{1-7}$$

式中：A_1, A_2——两个连续振动周期的振幅[图 1-7(a)]；α——内部阻尼系数(衰减系数)；T_0——自由振动的周期。

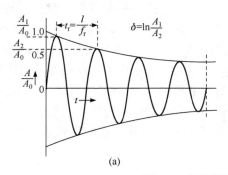
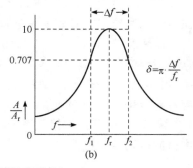

(a)　　　　　　　　　　　　　　　(b)

图 1-7　内摩擦引起的阻尼振动现象

(a) 自由振动中振幅 A、频率 f 与对数衰减系数 δ 的关系；

(b) 受迫振动中振幅 A、频率 f 与对数衰减系数 δ 的关系

对于受迫振动状态下的对数衰减系数 δ，按式(1-8)计算：

$$\delta = \pi \cdot \frac{\Delta f}{f_r} \tag{1-8}$$

式中：Δf——频率响应曲线上振幅降至最大振幅的 70.7%时对应的两个频率之差 [图 1-7(b)]；f_r——最大振幅的对应频率。

动力学损耗角正切 $\tan\delta$ 为动力学中动弹性模量的虚部与实部之比，它表征每振动周期内热损耗能量与介质存贮能量之比，更能直接地说明振动效率问题。对于内摩擦损耗的定量表征，在国内有关资料中通常采用对数缩减量 δ，而在国外资料中现多采用动力学损耗角正切 $\tan\delta$。动力学损耗角正切与对数缩减量之间的关系可表示为：$\tan\delta = \delta/\pi$。

一般来说，δ 与 $\tan\delta$ 较低的木材，较适于制作乐器的共鸣板。因为 δ 与 $\tan\delta$ 低说明振动衰减速度慢，有利于维持一定的余音，使乐器的声音饱满而余韵；另外 δ 与 $\tan\delta$ 较低，则振动能量损失小，振动效率高，使乐音洪亮饱满。

1.3.3　木材的声阻抗

声阻抗也称为特性阻抗，它对于声音的传播，特别是两种介质的边界上反射所发生的阻力是有决定意义的。两种介质的声阻抗差别越大，向声阻抗小的介质一方反射就越强烈。从振动特性的角度来看，它主要与振动的时间响应特性有关。木材的声阻抗 ω 为木材密度 ρ 与木材声速 v 的乘积，由式(1-9)表示：

$$\omega = \rho v = \sqrt{\rho E} \tag{1-9}$$

木材与其他固体材料相比，具有较小的声阻抗和非常高的声辐射品质常数，它是一种在声辐射方面具有优良特性的材料。

可表征木材声学振动性能的指标较多，除了上述的声辐射品质常数、比动弹性模量、内摩擦损耗对数衰减系数或动力学损耗角正切及声阻抗外，还有相对密度、动弹性模量、$\tan\delta$ 与 E 之比 $\tan\delta/E$、动弹性模量 E 与动刚性模量 G 之比 E/G、$E \cdot \rho$、传输参数 v/δ 和声转换效率 $v/(\rho \cdot \delta)$ 等，$\tan\delta/E$ 表示振动周期内能量损耗的大小，且与加速度有关；E/G 可表达频谱特性曲线的"包络线"特性；$E \cdot \rho$ 是一个与音响效果相关的物理量，它与余音的长短、发音的敏锐程度等听觉心理量有关；传输参数 v/δ 和声转换效率 $v/(\rho \cdot \delta)$ 是评价能量传递效率的重要指标，用来表征木材的振动传输特性。

1.4　不同边界条件的木材声学振动性能比较与分析

1.4.1　试验材料

以西加云杉(*Picea sitchenrsis*)和泡桐(*Paulownia elongate*)作为研究对象，试件产地、数量及尺寸规格等参数如表 1-1 所示。

表 1-1　木材试件的尺寸与密度

树种	产地	样本数	长度范围(mm)	宽度范围(mm)	厚度范围(mm)	气干密度范围 (g/cm³)
西加云杉	北美	30	253~255	35.45~39.61	10.12~10.6	0.320~0.464
泡桐	河南兰考	30	259~261	31.50~33.80	10.7~11.8	0.241~0.276

选取的木材试件为径切材、心材、顺纹理方向，无节子、开裂等明显缺陷，锯切后表面平整。经过调温调湿后(温度为 20℃，相对湿度为 65%)，保证试件的含水率稳定在 12%左右。

1.4.2　不同边界条件测试结果的比较

1. 对共振频率的影响

不同边界对木材试件产生不同的边界约束，导致其振动模态不同，因此木材的共振频率也不同。比较不同边界条件下木材的共振频率，结果如图 1-8 所示。

从图 1-8 可以看出，不同边界条件下测得木材共振频率有明显的不同，对于一阶共振频率，自由边界与两端简支比较相近、悬臂梁与两端固定比较接近；对于二阶、三阶共振频率，均呈现自由边界＞两端简支＞悬臂梁＞两端固定的规律；随着振动阶次的提高，不同边界共振频率的差异逐步增大。

2. 对动弹性模量、比动弹性模量的影响

动弹性模量是表征木材力学性能的重要指标，在木材声学振动性能的评价中，起着至关重要的作用。将用自由边界、两端简支、两端固定、悬臂梁四种不同边界条件所得的前 3 阶动弹性模量进行对比分析，结果如图 1-9 所示。

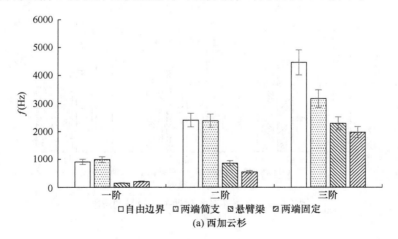

(a) 西加云杉

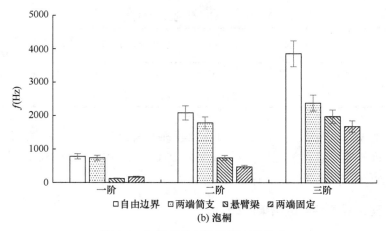

(b) 泡桐

图 1-8　边界条件对共振频率的影响

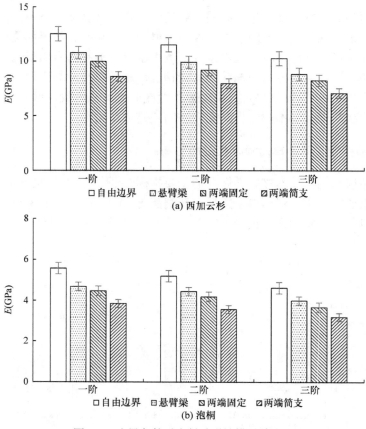

(a) 西加云杉

(b) 泡桐

图 1-9　边界条件对木材动弹性模量的影响

　　从图 1-9 可以看出，不同边界条件下两个树种测得的动弹性模量值，均呈现一致的大小关系：自由边界＞悬臂梁＞两端固定＞两端简支，其中：①对于一阶动弹性模量，在自由边界条件下，云杉和泡桐的动弹性模量分别为 12.55GPa、5.58GPa，而两端简支边界条件下，对应的动弹性模量分别为 8.61GPa、3.81GPa，相对于自由边界条件分别下降 31.39%、31.72%；悬臂梁的结果相对于自由边界条件分别下降 13.86%、16.13%；两端固定的结果相对于自由边界条件分别下降 20.32%、19.89%。②对于二阶动弹性模量，相对于自由边界条件，云杉和泡桐在悬臂梁条件下的结果分别下降 14.19%、14.45%，两端固定的结果分别下降 20.50%、19.27%，两端简支的结果分别下降 30.97%、31.41%。③对于三阶动弹性模量，相对于自由边界条件，云杉和泡桐在悬臂梁条件下的结果分别下降 14.29%、13.64%，两端固定的结果分别下降 19.83%、20.56%，两端简支的结果分别下降 31.00%、30.95%。④从以上结果可以看出，在悬臂梁、两端固定及两端简支的边界条件下测试的各阶动弹性模量值相对自由边界条件分别小 15%、20% 及 31% 左右。

　　比动弹性模量 E/ρ 为动弹性模量与密度的比值，是表征木材声学振动性能的重要指标。比动弹性模量 E/ρ 越大，木材的声学振动效率品质越好，更适合作为乐器共鸣元件的原材料。不同边界条件的比动弹性模量值之间的差异与动弹性模量一致(图 1-10)，不进一步赘述。

3. 对声辐射品质常数的影响

　　乐器共鸣板对外做功的同时，会受到空气阻力的影响而产生能量消耗。这部分能量用于迫使空气振动产生声波信号传入到耳朵中，这就是乐音。将木材对外做功迫使空气振动的这种能力水平，用声辐射品质常数 R 来表示。声辐射品质常数 R 越大，说明木材对外做功的能力就越强，用于振动发声的能量就会越多，振

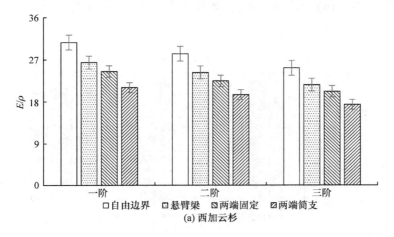

(a) 西加云杉

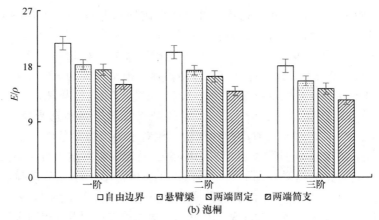

(b) 泡桐

图 1-10　边界条件对木材比动弹性模量的影响

动效率品质就会越高，这样的木材更适合用来制作乐器共鸣元件。将用自由边界、两端简支、两端固定、悬臂梁四种不同边界条件所得的声辐射品质常数进行对比分析，结果如图 1-11 所示。

从图 1-11 可以看出，不同边界的测试方法对声辐射品质常数结果的影响规律与动弹性模量、比动弹性模量相一致。自由边界条件下测试的结果最大，而两端简支条件下测试的结果最小，具体大小关系为：自由边界＞悬臂梁＞两端固定＞两端简支。①对于一阶声辐射品质常数，云杉和泡桐木材在自由边界条件下测得的结果分别为 $13.79 m^4/(kg \cdot s)$、$18.6 m^4/(kg \cdot s)$，相对于自由边界条件的结果，悬臂梁的结果分别小 6.64%、8.32%；两端固定的结果分别小 10.07%、10.36%；两端简支的结果分别小 16.64%、16.70%。②对于二阶声辐射品质常数，相对于自由边界条件，云杉和泡桐在悬臂梁条件下的结果分别下降 7.25%、7.53%，两端固定的结果分别下降 10.80%、10.16%，两端简支的结果分别下降 16.99%、17.01%。

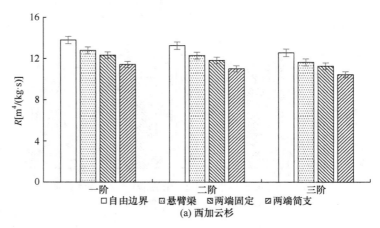

(a) 西加云杉

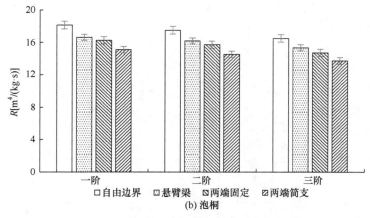

图 1-11　边界条件对木材声辐射品质常数的影响

③对于三阶声辐射品质常数，相对于自由边界条件，云杉和泡桐在悬臂梁条件下的结果分别下降 7.41%、7.08%，两端固定的结果分别下降 10.52%、10.89%，两端简支的结果分别下降 17.05%、16.82%。④从以上结果可以看出，在悬臂梁、两端固定及两端简支的边界条件下测试的各阶声辐射品质常数相对自由边界条件分别小 7%、10% 及 17% 左右。

4. 对对数衰减系数的影响

木材受力振动做功，其中对外发声的能力，用声辐射品质常数 R 来表示。但是木材振动产生的能量并没有全部用来发声，其中一部分能量在木材传递时因内摩擦而转化为热量损耗掉了，这一部分因内摩擦而消耗的能量用对数衰减系数 δ 表示。根据指数拟合法获得自由边界、两端简支、两端固定、悬臂梁四种边界条件下的对数衰减系数，结果如图 1-12 所示。

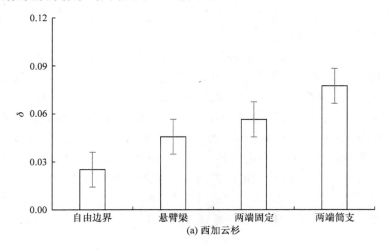

(a) 西加云杉

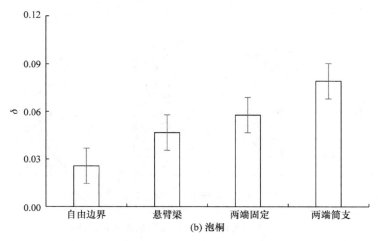

(b) 泡桐

图 1-12　边界条件对木材对数衰减系数的影响

从图 1-12 可以看出，四种边界条件下，云杉与泡桐两树种均是两端简支条件下测得的对数衰减系数最大，而自由边界条件下最小，具体大小顺序为：两端简支＞两端固定＞悬臂梁＞自由边界。相比于自由边界条件的结果，悬臂梁条件下测得的云杉与泡桐木材对数衰减系数分别要大 81.74%、81.62%；两端固定条件下分别大 124.73%、124.65%；两端简支条件下分别大 207.63%、207.69%。从这一结果可以得出，在自由边界条件下，消耗于内摩擦的能量要小得多。

5. 对声阻抗的影响

木材的声阻抗表示物质中某位置对因声扰动而引起的质点振动的阻尼特性，是评价木材声学品质的重要参数。在选取乐器用木材时，选用声阻抗 ω 较小的木材，这样的木材有更好的振动效率品质，更适合作为乐器共鸣元件的原料。基于自由边界、两端简支、两端固定、悬臂梁四种边界条件测得声阻抗，并进行比较与分析，结果如图 1-13 所示。

从图 1-13 可以看出，两种树种在不同边界条件下测得的声阻抗大小关系均为：自由边界＞悬臂梁＞两端固定＞两端简支。①基于一阶动弹性模量，云杉与泡桐木材在自由边界条件下的声阻抗分别为 2.265Pa·s/m、1.197Pa·s/m，而悬臂梁的结果相对于自由边界条件分别小 7.19%、8.42%；两端固定的结果分别小 10.74%、10.50%；两端简支的结果分别小 17.17%、17.37%。②基于二阶动弹性模量而得的声阻抗值，相对于自由边界条件，云杉和泡桐在悬臂梁条件下的结果分别下降 7.36%、7.51%，两端固定的结果分别下降 10.84%、10.15%，两端简支的结果分别下降 16.92%、17.18%。③基于三阶动弹性模量而得的声阻抗值，相对于自由边界条件，云杉和泡桐在悬臂梁条件下的结果分别下降 7.42%、7.07%，

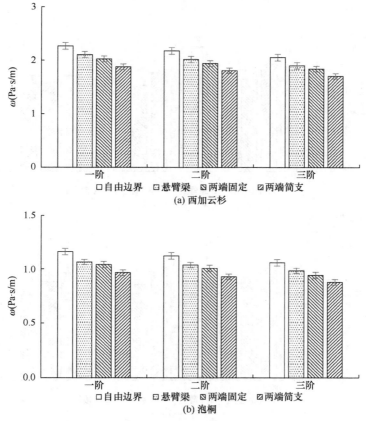

图 1-13　边界条件对木材声阻抗的影响

两端固定的结果分别下降 10.46%、10.87%，两端简支的结果分别下降 16.93%、16.91%。④从以上结果可以看出，在悬臂梁、两端固定及两端简支的边界条件下测试的各阶声阻抗相对自由边界条件分别小 7.5%、10.5%及 17%左右。

6. 对 E/G 的影响

E/G 可表达频谱特性曲线的"包络线"特性，是与音色相关的指标，该值越大体现音色越好。将用自由边界、两端简支、两端固定、悬臂梁四种不同边界条件所得的 E/G 进行对比分析，结果如图 1-14 所示。

从图 1-14 可以看出，两种树种在不同边界条件下测得的 E/G 大小关系均为：自由边界＞悬臂梁＞两端固定＞两端简支。①基于一阶动弹性模量，云杉与泡桐木材在自由边界条件下的 E/G 分别为 16.38、14.50，而悬臂梁的结果相对于自由边界条件分别小 14.04%、16.00%；两端固定的结果分别小 20.21%、19.59%；两端简支的结果分别小 31.50%、30.83%。②基于二阶动弹性模量而得的 E/G 值，

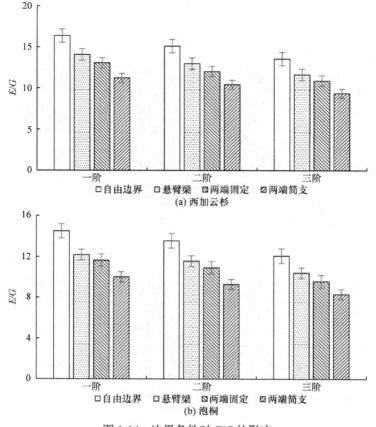

图 1-14 边界条件对 E/G 的影响

相对于自由边界条件，云杉和泡桐在悬臂梁条件下的结果分别下降 14.16%、14.55%，两端固定的结果分别下降 20.52%、19.28%，两端简支的结果分别下降 31.11%、31.31%。③基于三阶动弹性模量而得的 E/G 值，相对于自由边界条件，云杉和泡桐在悬臂梁条件下的结果分别下降 14.31%、13.67%，两端固定的结果分别下降 19.91%、20.55%，两端简支的结果分别下降 31.19%、30.99%。④从以上结果可以看出，在悬臂梁、两端固定及两端简支的边界条件下测试的各阶 E/G 值相对自由边界条件分别小 15%、20% 及 31% 左右。

1.4.3 不同边界条件测试结果的相关性分析

1. 自由边界与两端简支测试结果之间的相关性分析

将基于自由边界条件测试获得的各项声学振动性能指标与两端简支测试结果之间进行相关性分析，结果如表 1-2 所示。

表 1-2　自由边界与两端简支测试结果之间的相关性

声学指标	阶次	树种	相关方程	相关系数
动弹性模量	一阶	云杉	$y = 0.7009x - 0.1845$	0.9929
		泡桐	$y = 0.5401x + 0.8009$	0.9013
	二阶	云杉	$y = 0.7153x - 0.2846$	0.9919
		泡桐	$y = 0.4467x + 1.2433$	0.9553
	三阶	云杉	$y = 0.7187x - 0.2914$	0.9893
		泡桐	$y = 0.4354x + 1.1754$	0.9216
比动弹性模量	一阶	云杉	$y = 0.7107x - 0.7623$	0.9767
		泡桐	$y = 0.5545x + 2.8243$	0.9850
	二阶	云杉	$y = 0.7373x - 1.3345$	0.9732
		泡桐	$y = 0.4561x + 4.6695$	0.9193
	三阶	云杉	$y = 0.7399x - 1.2704$	0.9435
		泡桐	$y = 0.4432x + 4.4544$	0.9725
声辐射品质常数	一阶	云杉	$y = 0.8021x + 0.3543$	0.9867
		泡桐	$y = 0.7710x + 1.0358$	0.9046
	二阶	云杉	$y = 0.7922x + 0.5030$	0.9859
		泡桐	$y = 0.6904x + 2.4429$	0.9552
	三阶	云杉	$y = 0.7813x + 0.6087$	0.9906
		泡桐	$y = 0.7105x + 2.0082$	0.9320
对数衰减系数		云杉	$y = 3.0631x - 0.0003$	0.9998
		泡桐	$y = 3.1227x - 0.0078$	0.9017
声阻抗	一阶	云杉	$y = 0.8410x - 0.0029$	0.9971
		泡桐	$y = 0.6749x + 0.0017$	0.9045
	二阶	云杉	$y = 0.8513x - 0.0044$	0.9969
		泡桐	$y = 0.5659x + 0.0295$	0.9603
	三阶	云杉	$y = 0.8559x - 0.0052$	0.9964
		泡桐	$y = 0.5586x + 0.0288$	0.9314
E/G	一阶	云杉	$y = 0.3144x + 6.0687$	0.9680
		泡桐	$y = 0.1776x + 7.3308$	0.9695
	二阶	云杉	$y = 0.3604x + 4.9620$	0.9850
		泡桐	$y = 0.1876x + 6.7598$	0.9694
	三阶	云杉	$y = 0.4978x + 2.3819$	0.9647
		泡桐	$y = 0.2625x + 5.1619$	0.9539

从表 1-2 中的相关方程及相关系数可以看出，基于自由边界测试的两个树种的三个阶次各个声学性能指标与两端简支的结果之间均呈现显著的线性相关性，且均为正相关，相关系数均在 0.9 以上。

2. 自由边界与两端固定测试结果之间的相关性分析

将基于自由边界条件测试获得的各项声学振动性能指标与两端固定测试结果之间进行相关性分析，结果如表 1-3 所示。

表 1-3　自由边界与两端固定测试结果之间的相关性

声学指标	阶次	树种	相关方程	相关系数
动弹性模量	一阶	云杉	$y = 0.7743x + 0.2836$	0.9977
		泡桐	$y = 0.7266x + 0.4206$	0.9936
	二阶	云杉	$y = 0.7965x - 0.0144$	0.9996
		泡桐	$y = 0.7461x + 0.3111$	0.9984
	三阶	云杉	$y = 0.8122x - 0.1065$	0.9999
		泡桐	$y = 0.7549x + 0.1794$	0.9995
比动弹性模量	一阶	云杉	$y = 0.7559x + 1.2781$	0.9907
		泡桐	$y = 0.8191x + 1.3972$	0.9928
	二阶	云杉	$y = 0.7960x - 0.0232$	0.9985
		泡桐	$y = 0.7426x + 1.2845$	0.9981
	三阶	云杉	$y = 0.8312x - 0.7479$	0.9997
		泡桐	$y = 0.7495x + 0.7966$	0.9996
声辐射品质常数	一阶	云杉	$y = 0.9365x - 0.5928$	0.9955
		泡桐	$y = 0.8191x + 1.3972$	0.9919
	二阶	云杉	$y = 0.8839x + 0.1034$	0.9993
		泡桐	$y = 0.8455x + 0.9220$	0.9972
	三阶	云杉	$y = 0.8818x + 0.1673$	0.9999
		泡桐	$y = 0.8516x + 0.6528$	0.9993
对数衰减系数		云杉	$y = 2.2399x + 0.0002$	0.9999
		泡桐	$y = 2.2446x + 0.0001$	0.9999
声阻抗	一阶	云杉	$y = 0.8756x + 0.0039$	0.9991
		泡桐	$y = 0.8756x + 0.0039$	0.9991

续表

声学指标	阶次	树种	相关方程	相关系数
声阻抗	二阶	云杉	$y = 0.8928x - 0.0002$	0.9998
		泡桐	$y = 0.8928x - 0.0002$	0.9998
	三阶	云杉	$y = 0.9025x - 0.0015$	0.9999
		泡桐	$y = 0.9025x - 0.0015$	0.9999
E/G	一阶	云杉	$y = 0.8805x - 1.3474$	0.9455
		泡桐	$y = 0.8805x - 1.3474$	0.9455
	二阶	云杉	$y = 0.8171x - 0.3303$	0.9937
		泡桐	$y = 0.8171x - 0.3303$	0.9938
	三阶	云杉	$y = 0.7861x + 0.2065$	0.9991
		泡桐	$y = 0.7861x + 0.2065$	0.9991

从表 1-3 中的相关方程及相关系数可以看出，基于自由边界测试的两个树种的三个阶次各个声学性能指标与两端固定的结果之间均呈现显著的线性相关性，且均为正相关，相关系数基本处于 0.99 水平。

3. 自由边界与悬臂梁测试结果之间的相关性分析

将基于自由边界条件测试获得的各项声学振动性能指标与悬臂梁测试结果之间进行相关性分析，结果如表 1-4 所示。

表 1-4　自由边界与悬臂梁测试结果之间的相关性

声学指标	阶次	树种	相关方程	相关系数
动弹性模量	一阶	云杉	$y = 0.8868x - 0.3226$	0.9956
		泡桐	$y = 0.8080x + 0.1793$	0.9893
	二阶	云杉	$y = 0.8502x + 0.0954$	0.9999
		泡桐	$y = 0.8802x - 0.1300$	0.9996
	三阶	云杉	$y = 0.8718x - 0.1461$	0.9999
		泡桐	$y = 0.9155x - 0.2367$	0.9996
比动弹性模量	一阶	云杉	$y = 0.9076x - 1.4420$	0.9857
		泡桐	$y = 0.8028x + 0.8098$	0.9880
	二阶	云杉	$y = 0.8405x + 0.5123$	0.9996
		泡桐	$y = 0.8817x - 0.5373$	0.9996

续表

声学指标	阶次	树种	相关方程	相关系数
比动弹性模量	三阶	云杉	$y = 0.8963x - 0.9804$	0.9998
		泡桐	$y = 0.9227x - 1.0529$	0.9997
声辐射品质常数	一阶	云杉	$y = 0.9034x + 0.3293$	0.9910
		泡桐	$y = 0.8794x + 0.6761$	0.9890
	二阶	云杉	$y = 0.9390x - 0.1619$	0.9998
		泡桐	$y = 0.9469x - 0.3912$	0.9409
	三阶	云杉	$y = 0.9091x + 0.2084$	0.9999
		泡桐	$y = 0.7012x - 0.1696$	0.9995
对数衰减系数		云杉	$y = 1.148x + 0.0055$	0.9993
		泡桐	$y = 1.8076x + 0.0002$	0.9998
声阻抗	一阶	云杉	$y = 0.9443x - 0.0037$	0.9984
		泡桐	$y = 0.8900x + 0.0031$	0.9894
	二阶	云杉	$y = 0.9208x + 0.0013$	0.9999
		泡桐	$y = 0.9510x - 0.0030$	0.9996
	三阶	云杉	$y = 0.9353x - 0.0019$	0.9999
		泡桐	$y = 0.9810x - 0.0055$	0.9995
E/G	一阶	云杉	$y = 0.7337x + 2.0659$	0.9758
		泡桐	$y = 0.7787x + 0.8942$	0.9614
	二阶	云杉	$y = 0.8920x - 0.4999$	0.9982
		泡桐	$y = 0.8558x - 0.0151$	0.9975
	三阶	云杉	$y = 0.8317x + 0.3421$	0.9992
		泡桐	$y = 0.8462x + 0.2067$	0.9665

从表 1-4 中的相关方程及相关系数可以看出，基于自由边界测试的两个树种的三个阶次各个声学性能指标与悬臂梁的结果之间均呈现显著的线性相关性，且均为正相关，相关系数基本处于 0.96 以上水平。

从以上的相关性分析可以看出，自由边界与两端简支、两端固定及悬臂梁结果之间均具有显著的正相关关系，相关系数均在 0.90 以上，其中自由边界与两端固定之间的相关系数最高。

1.5 本 章 小 结

本章在陈述木材基本振动方式及木材声学振动性能指标基础上，基于自由边界、两端简支、两端固定及悬臂梁四种边界条件进行云杉与泡桐树种木材的声学振动性能测试，并分析了不同边界条件对测试结果的影响、不同边界条件之间的相关性，得出以下结果。

(1) 基于不同边界条件检测的动弹性模量 E、比动弹性模量 E/ρ、声辐射品质常数 R、声阻抗 ω、动弹性模量与动刚性模量之比 E/G 等木材声学振动参数的大小关系为：自由边界＞悬臂梁＞两端固定＞两端简支；而对数衰减系数 δ 的大小关系为：两端简支＞两端固定＞悬臂梁＞自由边界。

(2) 两端简支、两端固定、悬臂梁三种边界条件下测得的木材声学振动参数(比动弹性模量 E/ρ、声辐射品质常数 R、动弹性模量与动刚性模量之比 E/G、对数衰减系数 δ、表示木材每振动周期能量损耗的 $\tan\delta/E$ 及声阻抗 ω)与自由边界条件下测得的结果之间存在显著相关性。其相关系数 r 均大于 0.9。这也表明，可以使用两端简支、两端固定、悬臂梁代替自由边界条件对木材进行声学性能检测。在实际的应用中，可以结合实际需要，选择适合的边界条件，提升检测的便捷性。

参 考 文 献

[1] 王朝志. 基于简支梁振动原理的板材检测系统的研究与应用[D]. 北京: 北京林业大学, 2007.

[2] 陈守谦. 用自由振动法研究木材的动弹性模量[J]. 东北林业大学学报, 1991, 19(3): 109-112.

第 2 章　自然陈化处理对木材声学振动性能的影响

未经表面处理的木材在自然陈放过程会产生自然陈化现象，尤其是暴露于室外的天然环境时，经受较为强烈的紫外光作用、湿胀与干缩作用及微生物腐蚀作用等，会导致木材表面的光泽与颜色产生变化，还可使木材表面变得粗糙、暗淡或者产生微细的裂纹[1]。在乐器制造的传统工艺中，一般会将木材原材料存放几十年甚至上百年后再使用，而这样长时间的自然陈化过程中，木材自然干燥到了与环境相适应的平衡含水率，而木材内部也必然会产生各种物理、化学变化，最终使木材内部应力也得以释放，使其振动性能趋于稳定。这种长时间的自然陈化过程与声学振动性能之间有何相关性？本章主要针对这一问题进行研究。

2.1　试验材料与方法

2.1.1　试验材料

本实验选取 5 种云杉属木材，采伐自 1997 年，试件总数为 71 块。试件基本参数如表 2-1 所示。

表 2-1　云杉试件基本数据

树种	数量(块)	长度(mm)	宽度(mm)	厚度(mm)	密度(g/cm³)
油麦吊云杉	21	275.2～300.9	29.49～30.23	9.62～9.77	0.367～0.492
川西云杉	22	278.9～300.6	29.83～30.44	9.57～9.82	0.384～0.500
丽江云杉	13	282.4～302.7	29.38～30.05	9.53～9.92	0.412～0.568
红皮云杉	9	298.0～300.2	29.20～29.82	9.83～10.05	0.420～0.463
鱼鳞云杉	6	299.4～300.2	29.63～29.92	9.77～9.98	0.403～0.435

2.1.2　试验方法

根据梁的横向振动理论，按照弯曲振动的试验方法，采用两端自由的边界条件，用双通道快速傅里叶变换频谱分析仪(小野测器：CF-5220Z)测定木材的各项声学振动性能(图 2-1)。

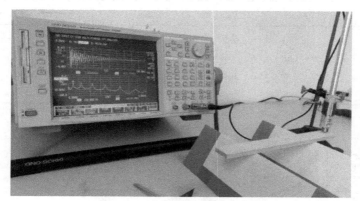

图 2-1　实验仪器及方法示意图

先在距试件两端各为总长 22.4%的位置用记号笔划线做好支撑点标记，将用于支撑试件的弹力三脚架位置调整至试件两侧划线处的正下方，放置试件。将高灵敏度、宽频带、低噪声的微音器置于试件一端，使其恰好贴近试件(刚好不接触为宜)。然后用小刀的刀背尖端敲击试件另一端使试件振动，微音器将采集到的振动信号经放大、滤波后传到快速傅里叶变换频谱分析仪进行解析，得到试件振动时域图和频域图，根据图像记录试件的前五阶共振频率，然后由模数转换器采集数据信号，将采集好的离散振动数据组导入计算机，由专业软件进行分析处理，得到动弹性模量、动刚性模量、对数衰减系数，并利用相关的计算公式得出试件的比动弹性模量、E/G 值、声辐射品质常数、声阻抗等各项声学振动性能参数[2-4]。

2.2　自然陈化对木材声振动特性的影响

2.2.1　自然陈化对木材密度的影响

木材密度是指单位体积内物质含量多少的物理量，是一个重要的物理力学指标，在进行乐器用材选材时，密度是一项重要的指标。

经不同时间自然陈化后，木材的密度及其变化如表 2-2 和图 2-2 所示。

表 2-2　自然陈化期间云杉木材的密度(g/cm³)

测量年份	$\rho_{\text{鱼鳞云杉}}$	$\rho_{\text{丽江云杉}}$	$\rho_{\text{红皮云杉}}$	$\rho_{\text{川西云杉}}$	$\rho_{\text{油麦吊云杉}}$
1997	0.43140	0.47370	0.46430	0.38720	0.47080
2012	—	0.44210	—	0.35440	0.43300

续表

测量年份	$\rho_{鱼鳞云杉}$	$\rho_{丽江云杉}$	$\rho_{红皮云杉}$	$\rho_{川西云杉}$	$\rho_{油麦吊云杉}$
2015	—	0.48830	—	0.38370	0.45870
2017	0.43100	0.48400	0.44200	0.37800	0.43700
2019	0.40700	0.45600	0.43900	0.37800	0.41100
2021	0.41695	0.48472	0.44543	0.39723	0.43940

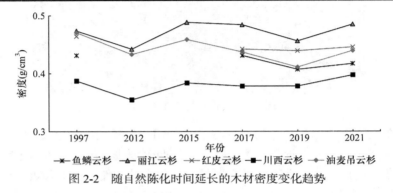

图 2-2　随自然陈化时间延长的木材密度变化趋势

从表 2-2、图 2-2 可以看出，随着自然陈化时间的延长，木材密度并未呈现统一的增长或者下降的变化规律。经初始的 15 年自然陈化后，木材密度呈下降的变化趋势，其中丽江云杉密度经 15 年的自然陈化后达到最低值，为 0.442g/cm³，随着自然陈化时间的进一步延长，木材密度值又呈现了先上升、再下降、又上升的趋势。为了更好地了解云杉木材密度的变化规律，以 1997 年的数值为基准，利用变化率表示云杉试材在 1997～2012 年、1997～2015 年、1997～2017 年、1997～2019 年、1997～2021 年五个不同阶段密度的变化情况，结果如表 2-3、图 2-3 所示。

表 2-3　自然陈化期间云杉木材密度变化率(%)

测量年份	$\rho_{鱼鳞云杉}$ 变化率	$\rho_{丽江云杉}$ 变化率	$\rho_{红皮云杉}$ 变化率	$\rho_{川西云杉}$ 变化率	$\rho_{油麦吊云杉}$ 变化率
1997～2012	—	−6.67	—	−8.47	−8.03
1997～2015	—	3.08	—	−0.90	−2.57
1997～2017	−0.09	2.17	−4.80	−2.38	−7.18
1997～2019	−5.66	−3.74	−5.45	−2.38	−12.70
1997～2021	−3.35	2.33	−4.06	2.59	−6.67

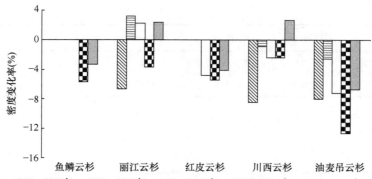

图 2-3　自然陈化期间云杉木材密度的变化率(以 1997 年为基准)

从表 2-3 和图 2-3 可看出，在 1997～2012 年的自然陈化期间，以 1997 年为基准的密度变化率，丽江云杉、川西云杉及油麦吊云杉三种云杉试材的降幅为 6.67%～8.47%。1997～2015 年自然陈化期间，油麦吊云杉和川西云杉的密度降低，降幅为 0.90%～2.57%；丽江云杉试材的密度值从 0.4737g/cm³ 增加到 0.4883g/cm³。1997～2017 年期间，除丽江云杉外的四种云杉试材的密度均降低，降幅为 0.09%～7.18%，油麦吊云杉的降幅最大，为 7.18%；丽江云杉的密度增幅为 2.17%。在 1997～2019 年期间，五种云杉试件的密度均有所下降，降幅范围为 2.38%～12.70%，川西云杉降幅最小。1997～2021 年自然陈化期间，所测五种云杉木材的密度有升有降，川西云杉和丽江云杉的密度增加，涨幅为 2.33%～2.59%；油麦吊云杉、红皮云杉和鱼鳞云杉的密度均有所下降，降幅为 3.35%～6.67%，以油麦吊云杉降幅最大。

从以上结果可以看出，与初始密度相比，经 24 年的自然陈化后，木材的密度基本呈现下降的变化规律，但随着陈化时间的进一步延长，密度呈现增长趋势。

2.2.2　自然陈化对动弹性模量的影响

动弹性模量是衡量木材刚度特性的重要参数之一，体现了材料最具特点的力学性质[5]，动弹性模量越大，木材的振动效率越高，越适合制作乐器。

经不同时间自然陈化后，木材动弹性模量 E 及其变化如表 2-4 和图 2-4 所示。

表 2-4　自然陈化期间云杉木材的动弹性模量(GPa)

测量年份	鱼鳞云杉	丽江云杉	红皮云杉	川西云杉	油麦吊云杉
1997	12.340	13.260	12.430	8.240	13.430
2012	—	13.510	—	9.290	14.430
2015	—	13.758	—	8.914	14.033
2017	13.403	13.581	12.886	8.867	13.446

续表

测量年份	鱼鳞云杉	丽江云杉	红皮云杉	川西云杉	油麦吊云杉
2019	10.015	12.002	10.525	8.792	10.974
2021	10.379	11.619	10.753	8.924	10.737

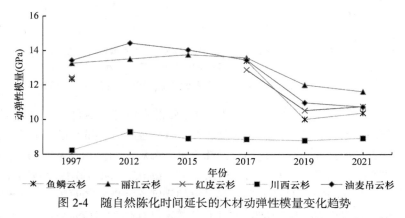

图 2-4　随自然陈化时间延长的木材动弹性模量变化趋势

从表 2-4 和图 2-4 可以得出，川西云杉在经 15 年的自然陈化后，动弹性模量基本呈现稳定的状态，而其他树种，在初始的 20 年自然陈化时间内，动弹性模量基本保持稳定，而超过 20 年的自然陈化后，有一个明显的下降趋势。为了更好地了解云杉木材动弹性模量的变化情况，以 1997 年的动弹性模量为基准，利用动弹性模量变化率表示木材试件在 1997~2012 年、1997~2015 年、1997~2017 年、1997~2019 年、1997~2021 年五个不同时间阶段的变化情况，结果如表 2-5、图 2-5 所示。

表 2-5　自然陈化期间云杉木材动弹性模量的变化率(%)

测量年份	$E_{鱼鳞云杉}$ 变化率	$E_{丽江云杉}$ 变化率	$E_{红皮云杉}$ 变化率	$E_{川西云杉}$ 变化率	$E_{油麦吊云杉}$ 变化率
1997~2012	—	1.89	—	12.74	7.45
1997~2015	—	3.76	—	8.18	4.49
1997~2017	8.62	2.42	3.67	7.60	0.12
1997~2019	−18.84	−9.49	−15.33	6.69	−18.29
1997~2021	−15.89	−12.37	−13.49	8.30	−20.05

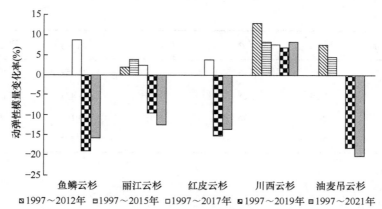

图 2-5　自然陈化期间云杉木材动弹性模量的变化率(以 1997 年为基准)

从表 2-5 和图 2-5 中可得，以 1997 年的数据为对照基准，经 15 年自然陈化后(2012 年)，丽江云杉、川西云杉及油麦吊云杉试材的动弹性模量的增幅为 1.89%～12.74%，其中丽江云杉增幅最小(1.89%)。1997～2015 年自然陈化期间，丽江云杉、川西云杉及油麦吊云杉试件增幅为 3.76%～8.18%。在 1997～2017 年期间，五种云杉试件增幅为 0.12%～8.62%，其中油麦吊云杉增幅最小，为 0.12%。2019 年五种试材中有四种动弹性模量出现较大下降，鱼鳞云杉降幅最大，为 18.84%，仅有川西云杉动弹性模量有增幅，增幅为 6.69%。1997～2021 年自然陈化期间，除川西云杉外的四种云杉试件的动弹性模量均有所降低，油麦吊云杉降幅最大，为 20.05%，川西云杉的涨幅为 8.30%。

从以上结果能看出，经 15 年的自然陈化后，云杉木材的动弹性模量达到较大的值，油麦吊云杉和川西云杉增幅较大；自然陈化时间超过 20 年后，除川西云杉外的几种树种木材的动弹性模量呈现较大的降幅。

2.2.3　自然陈化对比动弹性模量的影响

比动弹性模量(E/ρ)通常用来表示木材顺纹理方向的平均动弹性模量，可用以评价木材的声振动特性品质，其值越大，木材的振动效率越高，越适合作为乐器用材。

经不同时间自然陈化后，木材比动弹性模量及其变化如表 2-6 和图 2-6 所示。

表 2-6　自然陈化期间云杉木材的比动弹性模量(GPa)

测量年份	$E/\rho_{鱼鳞云杉}$	$E/\rho_{丽江云杉}$	$E/\rho_{红皮云杉}$	$E/\rho_{川西云杉}$	$E/\rho_{油麦吊云杉}$
1997	28.555	27.725	26.750	21.290	28.667
2012	—	30.721	—	26.298	33.497

测量年份	$E/\rho_{鱼鳞云杉}$	$E/\rho_{丽江云杉}$	$E/\rho_{红皮云杉}$	$E/\rho_{川西云杉}$	$E/\rho_{油麦吊云杉}$
2015	—	28.593	—	23.259	30.707
2017	30.913	28.463	29.125	23.473	30.739
2019	24.552	26.520	23.958	23.165	26.690
2021	29.688	28.059	28.287	25.277	28.290

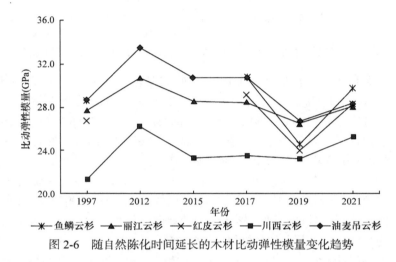

图 2-6　随自然陈化时间延长的木材比动弹性模量变化趋势

从表 2-6 和图 2-6 可看出，在整体趋势上，随着自然陈化时间的延长，云杉木材的比动弹性模量值呈现先上升、后下降，在后期又上升的变化规律，即经 15 年的自然陈化后，木材的比动弹性模量增大，且一般达到最大值，而陈化时间达到 20 年时，有一个明显下降的过程，但随着陈化时间延长，木材比动弹性模量又呈现上升的趋势。为了更好地了解云杉木材比动弹性模量的变化情况，以 1997 年云杉木材的比动弹性模量为基准，利用比动弹性模量变化率表示其在 1997～2012 年、1997～2015 年、1997～2017 年、1997～2019 年、1997～2021 年五个不同时间阶段的变化情况，结果如表 2-7、图 2-7 所示。

表 2-7　自然陈化期间云杉木材比动弹性模量的变化率(%)

测量年份	$E/\rho_{鱼鳞云杉}$ 变化率	$E/\rho_{丽江云杉}$ 变化率	$E/\rho_{红皮云杉}$ 变化率	$E/\rho_{川西云杉}$ 变化率	$E/\rho_{油麦吊云杉}$ 变化率
1997～2012	—	10.81	—	23.52	16.85
1997～2015	—	3.13		9.25	7.12

续表

测量年份	$E/\rho_{鱼鳞云杉}$ 变化率	$E/\rho_{丽江云杉}$ 变化率	$E/\rho_{红皮云杉}$ 变化率	$E/\rho_{川西云杉}$ 变化率	$E/\rho_{油麦吊云杉}$ 变化率
1997～2017	8.26	2.66	8.88	10.25	7.23
1997～2019	−14.02	−4.34	−10.43	8.81	−6.89
1997～2021	3.97	1.20	5.75	18.73	−1.31

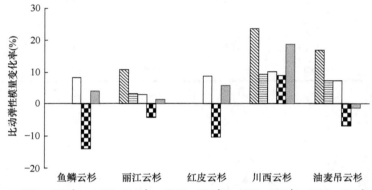

图 2-7　自然陈化期间木材比动弹性模量的变化率(以 1997 年为基准)

从表 2-7 和图 2-7 可以得出，以 1997 年的数据为对照基准，在 1997～2012 年自然陈化期间，丽江云杉、川西云杉及油麦吊云杉三种云杉试件的比动弹性模量值增幅范围为 10.81%～23.52%。1997～2015 年自然陈化期间，三种云杉试件的 E/ρ 值涨幅变小，范围为 3.13%～9.25%。在 1997～2017 年期间，五种云杉木材的数值呈增长趋势,涨幅范围为 2.66%～10.25%,川西云杉涨幅最大，为 10.25%。1997～2019 年自然陈化期间，除川西云杉外其余四种云杉木材的 E/ρ 值均有所下降，降幅为 4.34%～14.02%；仅川西云杉的比动弹性模量增加，涨幅为 8.81%。在 1997～2021 年自然陈化期间,除油麦吊云杉外，其余四种云杉木材的比动弹性模量均有所增加，增幅为 1.20%～18.73%。

通过试验结果可以得出，与未自然陈化的试材相比，经 15 年的自然陈化后(1997～2012 年)，比动弹性模量值有较大涨幅，而在 15～22 年的自然陈化时间范围内，比动弹性模量值呈下降趋势，陈化时间进一步延长时，云杉试材的比动弹性模量值均有所增加，木材振动效率也即随之提高。

2.2.4　自然陈化对声辐射品质常数的影响

声辐射品质常数 R 是木材音质优异的重要基础，其值越大，木材获得的振动能量就越大，向空气中辐射声能的能量就越大，即木材具有越高的振动效率。经不同时间自然陈化后，木材声辐射品质常数及其变化如表 2-8 和图 2-8 所示。

表 2-8　自然陈化期间云杉木材的声辐射品质常数[m⁴/(kg · s)]

测量年份	$R_{鱼鳞云杉}$	$R_{丽江云杉}$	$R_{红皮云杉}$	$R_{川西云杉}$	$R_{油麦吊云杉}$
1997	12.377	10.980	11.148	11.914	11.417
2012	—	12.608	—	14.459	13.394
2015	—	11.097	—	12.584	12.127
2017	12.950	11.141	12.209	12.821	12.728
2019	12.157	11.387	11.142	12.841	12.689
2021	13.059	11.046	11.946	12.762	12.158

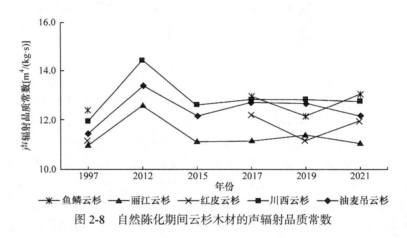

图 2-8　自然陈化期间云杉木材的声辐射品质常数

从表 2-8、图 2-8 可以看出，在整体趋势上，随着自然陈化时间的延长，云杉木材的声辐射品质常数值呈现先上升、后下降，继而基本保持稳定的变化规律，即在前 15 年的自然陈化过程中，木材的声辐射品质常数值呈现增大，且一般达到最大值的变化规律，进一步自然陈化时，声辐射品质常数值开始下降，而陈化时间达到 18 年后，声辐射品质常数值基本保持稳定。为了更好地了解云杉木材声辐射品质常数值的变化情况，以 1997 年云杉木材的声辐射品质常数为基准，利用声辐射品质常数的变化率表示其在 1997～2012 年、1997～2015 年、1997～2017 年、1997～2019 年、1997～2021 年五个不同时间阶段的变化情况，结果如表 2-9、图 2-9 所示。

表 2-9　自然陈化期间云杉木材声辐射品质常数的变化率(%)

测量年份	$R_{鱼鳞云杉}$ 变化率	$R_{丽江云杉}$ 变化率	$R_{红皮云杉}$ 变化率	$R_{川西云杉}$ 变化率	$R_{油麦吊云杉}$ 变化率
1997～2012	—	14.83	—	21.36	17.32
1997～2015	—	1.06	—	5.62	6.22
1997～2017	4.63	1.46	9.52	7.61	11.48
1997～2019	−1.78	3.70	−0.05	7.78	11.14
1997～2021	5.51	0.60	7.16	7.11	6.49

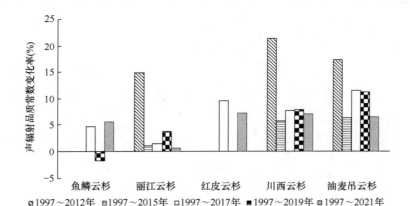

图 2-9　自然陈化期间云杉木材声辐射品质常数的变化率(以 1997 年为基准)

从表 2-9、图 2-9 可以得出,以 1997 年的数据为对照基准,经 15 年的自然陈化后(1997～2012 年),丽江云杉、川西云杉及油麦吊云杉三种云杉试件的声辐射品质常数值增幅范围为 14.83%～21.36%,涨幅明显;经 18 年的自然陈化后(1997～2015 年),三种云杉木材的涨幅为 1.06%～6.22%;经 20 年的自然陈化后(1997～2017 年),云杉木材的声辐射品质常数值的增长比例范围为 1.46%～11.48%,其中油麦吊云杉提升最明显;而自然陈化时间达到 22 年后,与未陈化试材的声辐射品质常数值相比,油麦吊云杉、川西云杉和丽江云杉呈增长趋势,而红皮云杉和鱼鳞云杉的变化率下降,但下降幅度较小;而自然陈化时间达到 24 年时,与未陈化试材相比,所有树种木材的声辐射品质常数值均呈现上升的趋势,除丽江云杉外,其他几个树种的增幅较明显。

2.2.5　自然陈化对声阻抗的影响

声阻抗ω决定了木材的发音传播效果,与振动的响应特性有关,是表征木材声学特性的一个重要参数。一般来说乐器用材选用声阻抗低的木材。经不同时间自然陈化后，木材的声阻抗及其变化如表 2-10 和图 2-10 所示。

表 2-10　自然陈化期间云杉木材的声阻抗(Pa·s/m)

测量年份	$\omega_{鱼鳞云杉}$	$\omega_{丽江云杉}$	$\omega_{红皮云杉}$	$\omega_{川西云杉}$	$\omega_{油麦吊云杉}$
1997	2.305	2.530	2.401	1.784	2.511
2012	—	2.439	—	1.806	2.493
2015	—	2.581	—	1.847	2.534
2017	2.401	2.550	2.386	1.827	2.419
2019	2.019	2.333	2.149	1.821	2.119
2021	2.273	2.540	2.369	1.997	2.338

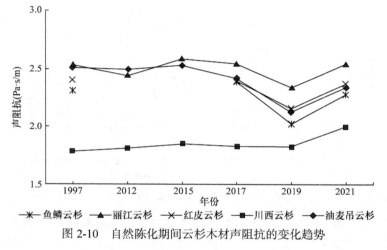

图 2-10　自然陈化期间云杉木材声阻抗的变化趋势

从表 2-10、图 2-10 可以看出，从整体趋势上，在前 20 年的自然陈化过程中，云杉木材的声阻抗值基本保持稳定，自然陈化时间超过 20 年时，有一个明显的下降过程，但随着陈化时间的进一步延长，声阻抗值又呈现上升的变化规律。为了更好地了解云杉木材声阻抗的变化情况，以 1997 年云杉木材的声阻抗为基准，利用声阻抗变化率表示其在 1997～2012 年、1997～2015 年、1997～2017 年、1997～2019 年、1997～2021 年五个不同时间阶段的变化情况，结果如表 2-11、图 2-11 所示。

表 2-11　自然陈化期间云杉木材声阻抗的变化率(%)

测量年份	$\omega_{鱼鳞云杉}$ 变化率	$\omega_{丽江云杉}$ 变化率	$\omega_{红皮云杉}$ 变化率	$\omega_{川西云杉}$ 变化率	$\omega_{油麦吊云杉}$ 变化率
1997～2012	—	−3.61	—	1.21	−0.73
1997～2015	—	1.99	—	3.48	0.91

续表

测量年份	$\omega_{鱼鳞云杉}$ 变化率	$\omega_{丽江云杉}$ 变化率	$\omega_{红皮云杉}$ 变化率	$\omega_{川西云杉}$ 变化率	$\omega_{油麦吊云杉}$ 变化率
1997～2017	4.17	0.77	−0.64	2.38	−3.66
1997～2019	−12.41	−7.79	−10.49	2.02	−15.61
1997～2021	−1.42	0.39	−1.33	11.89	−6.88

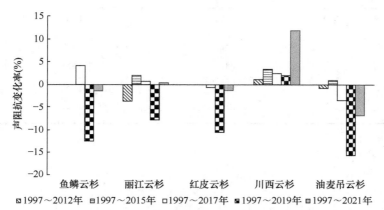

图 2-11 自然陈化期间云杉木材声阻抗的变化率(以 1997 年为基准)

从表 2-11、图 2-11 可以看出,以 1997 年测定的声阻抗值为参照基准,经 15 年的自然陈化(1997～2012 年),只有川西云杉的声阻抗增加,涨幅为 1.21%;油麦吊云杉和丽江云杉的声阻抗分别降低了 0.73% 和 3.61%,整体的变化幅度较小。经 20 年的自然陈化(1997～2017 年),木材声阻抗值的变化幅度也较小,但红皮云杉、油麦吊云杉呈现小幅下降,而其他几种树种则呈现小幅上升的变化规律。而经 20～22 年自然陈化(1997～2019 年),除川西云杉外,其他几种云杉木材的声阻抗值均呈现较为明显的下降,降幅为 7.79%～15.61%,经过这一阶段的下降后,随着自然陈化时间的延长,鱼鳞云杉、丽江云杉及红皮云杉三种树种的声阻抗值又基本恢复到未经自然陈化时的水平,而油麦吊云杉相对未陈化的水平有一定程度的下降(6.88%),川西云杉有较为明显的上升(11.89%)。

综合以上试验结果,经 22 年(1997～2019 年)的自然陈化,除川西云杉外的四种云杉木材的声阻抗值达到最低,而经 24 年(1997～2021 年)的自然陈化后,其声阻抗值相对于 22 年自然陈化的结果均有所提高。

2.2.6　自然陈化对 E/G 的影响

动弹性模量与动刚性模量的比值(E/G)是用来描述材料在外力作用下变形方式的指标，E/G 值越高，表示乐器材的音色效果越好，声学品质越高。经不同时间自然陈化后，木材 E/G 值及其变化如表 2-12 和图 2-12 所示。

表 2-12　自然陈化期间云杉木材的 E/G

测量年份	$E/G_{鱼鳞云杉}$	$E/G_{丽江云杉}$	$E/G_{红皮云杉}$	$E/G_{川西云杉}$	$E/G_{油麦吊云杉}$
1997	21.821	20.283	19.100	11.603	20.541
2012	—	18.925	—	13.786	23.482
2015	—	17.081	—	11.881	18.785
2017	—	16.382	—	12.092	18.981
2021	16.892	13.875	15.429	12.833	14.861

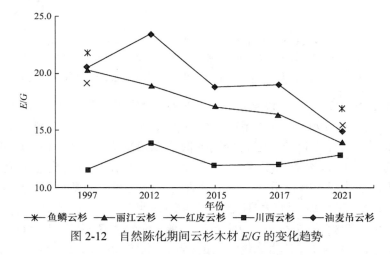

图 2-12　自然陈化期间云杉木材 E/G 的变化趋势

从表 2-12 和图 2-12 可以看出，从整体趋势上，随着自然陈化时间的延长，除川西云杉的 E/G 值较为稳定外，其他几个树种总体呈现下降的变化规律。为了更好地了解云杉木材 E/G 值的变化情况，以 1997 年的 E/G 值为基准，利用 E/G 值变化率表示其在 1997~2012 年、1997~2015 年、1997~2017 年、1997~2021 年四个不同陈化阶段的变化情况，结果如表 2-13、图 2-13 所示。

表 2-13　自然陈化期间云杉木材 E/G 值的变化率(%)

测量年份	$E/G_{鱼鳞云杉}$ 变化率	$E/G_{丽江云杉}$ 变化率	$E/G_{红皮云杉}$ 变化率	$E/G_{川西云杉}$ 变化率	$E/G_{油麦吊云杉}$ 变化率
1997~2012	—	−6.70	—	18.81	14.32
1997~2015	—	−15.79	—	2.40	−8.55
1997~2017	—	−19.23	—	4.22	−7.59
1997~2021	−22.59	−31.59	−19.22	10.60	−27.65

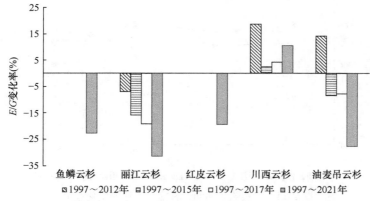

图 2-13　自然陈化期间云杉木材 E/G 的变化率(以 1997 年为基准)

从表 2-13、图 2-13 可看出，以 1997 年测定的 E/G 值为参照基准，在 1997~2012 年自然陈化期间(15 年)，油麦吊云杉和川西云杉的 E/G 值均有提高，提高幅度分别为 14.32%、18.81%，而丽江云杉的 E/G 值降低了 6.70%；在 1997~2015 年(18 年)和 1997~2017 年(20 年)自然陈化期间，仅川西云杉的 E/G 值增加，分别提高了 2.40%、4.22%。经 24 年的自然陈化(1997~2021 年)，除川西云杉外的四种木材试件的 E/G 值均大幅降低，降幅范围为 19.22%~31.59%；川西云杉的 E/G 值提高了 10.60%。

综合以上结果可得，川西云杉和油麦吊云杉的 E/G 值在 2012 年达到最大，随着陈化时间的延长，除川西云杉外的大部分云杉木材的 E/G 值呈下降趋势。

2.2.7　自然陈化对声速的影响

木材声速指声波在木材中传播的速度，是评价木材声学特性的重要指标之一，与木材的微观构造特征等有关[6]。经不同时间自然陈化后，木材声速及其变化如表 2-14 和图 2-14 所示。

表 2-14　自然陈化期间云杉木材的声速(m/s)

测量年份	$v_{鱼鳞云杉}$	$v_{丽江云杉}$	$v_{红皮云杉}$	$v_{川西云杉}$	$v_{油麦吊云杉}$
1997	5534	5277	5145	4584	5432
2015	—	5256	—	4550	5430
2019	5281	5523	5305	5103	5540
2021	5445	5277	5317	5014	5305

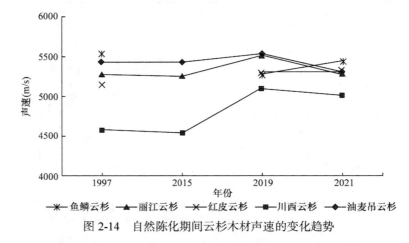

图 2-14　自然陈化期间云杉木材声速的变化趋势

从表 2-14 和图 2-14 可以看出，从整体趋势上，随着自然陈化时间的延长，云杉木材的声速呈现先减小、后增大、再减小的趋势，且在 2019 年(自然陈化 22 年)达到最大值。为了更好地了解云杉木材声速的变化情况，以 1997 年的数值为基准，利用声速变化率表示其在 1997~2015 年、1997~2019 年、1997~2021 年三个不同陈化阶段的变化情况，结果如表 2-15、图 2-15 所示。

表 2-15　自然陈化期间云杉木材声速变化率(%)

测量年份	$v_{鱼鳞云杉}$ 变化率	$v_{丽江云杉}$ 变化率	$v_{红皮云杉}$ 变化率	$v_{川西云杉}$ 变化率	$v_{油麦吊云杉}$ 变化率
1997~2015	—	−0.40	—	−0.76	−0.04
1997~2019	−4.57	4.67	3.11	11.30	1.98
1997~2021	−1.59	0.001	3.35	9.36	−2.35

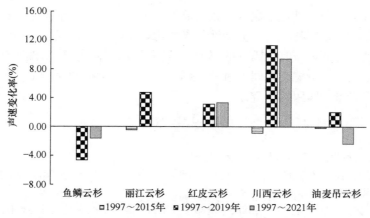

图 2-15　自然陈化期间云杉木材声速的变化率(以 1997 年为基准)

从表 2-15 和图 2-15 可以得出，丽江云杉、川西云杉和油麦吊云杉的声速在 1997～2015 年(自然陈化 18 年)呈下降趋势，在 1997～2019 年期间(自然陈化 22 年)，除鱼鳞云杉外四种木材的声速均有涨幅，范围为 1.98%～11.30%，其中川西云杉涨幅最大，为 11.30%。在 1997～2021 年期间(自然陈化 24 年)，川西云杉声速的增长幅度比较明显，但其他几种云杉木材的变化幅度较小。

综合以上结果可以看出，丽江云杉、川西云杉和油麦吊云杉的声速在总体上呈先上升后下降的趋势，数值在 2019 年达到最大值，仅红皮云杉和鱼鳞云杉的声速呈小幅增长。

2.3　本 章 小 结

本章以油麦吊云杉、川西云杉、丽江云杉、红皮云杉及鱼鳞云杉五种云杉属木材为研究对象，研究其经 15 年、18 年、20 年、22 年及 24 年自然陈化后的动弹性模量 E、比动弹性模量 E/ρ、声辐射品质常数 R、声阻抗 ω 等振动性能参数的变化规律，基于现有试材及试验水平所得的数据，初步得出以下结论：

(1) 随着自然陈化时间的延长，各个树种的声学振动性能指标的变化规律并不完全一致，不同树种有其自身的特性。

(2) 随着自然陈化时间的延长，声学振动性能指标并不呈现一致的上升或者下降的变化规律。

(3) 总结不同陈化时间的实验数据基本可以得出，在 24 年的自然陈化时间范围内，大部分云杉木材的声学特性经 15 年的自然陈化后(2012 年测试结果)达到最优；在 1997～2021 年自然陈化期间，仅声辐射品质常数有轻微变化，比动弹性模量的数值有所提升，其他参数未有较明显的改善。可以进一步得出：经过自然陈化处理的云杉木材的各项声学振动性能参数可以得到提高，但随着时间的延长，木材会受到外界环境或其他因素的影响，从而导致其各项参数出现波动、不稳定的情况。当然，随着陈化时间的进一步延长，木材声学振动性能呈现怎样的变化规律，还需未来持续跟踪研究。

参 考 文 献

[1] 李坚. 木材科学. 3 版[M]. 北京: 科学出版社, 2014.

[2] 秦丽丽, 苗媛媛, 刘镇波. 泡桐木材主要物理特征及化学组分对其声学振动性能的影响[J]. 森林工程, 2017, 33(4): 34-39.

[3] 刘镇波, 沈隽, 刘一星, 等. 实际尺寸乐器音板用云杉属木材的声学振动特性[J]. 林业科学, 2007, 43(8): 100-105.

[4] Ono T, Norimoto M. Study on Young's modulus and internal friction of wood in relation to the evaluation of wood for musical instruments[J]. Limnology & Oceanography, 1983, 22(4): 611-614.

[5] 麦彤宇, 梁硕, 王正, 等. 动态测试木材弹性模量研究进展[J]. 林业机械与木工设备, 2021, 49(4): 27-30.

[6] 史博章, 尹思慈, 阮锡根. 木材声速的研究[J]. 南京林产工业学院学报, 1983, 3: 6-12.

第3章 基于抽提的木材声学振动性能改良

木材中除了含有纤维素、半纤维素及木质素外，还含有一些其他的少量组分，一般称为抽提物、内含物、侵填体等。其大量存在于木材的树脂道、树胶道、木射线薄壁组织等中，同时其含量和种类也因树种、部位、产地、存放时间和抽提方法而不同[1]。经过分析可知，木材中的抽提物主要是一些树脂类、酸类、醇类、萜烯类及无机盐、单宁等700多种化合物，木材中的抽提物对木材的各种理化性质均有影响[2]。

木材经抽提处理后，其各种理化性能均有所改变，如木材的颜色、气味、滋味、强度、渗透性能及胶黏和涂饰性能等。同样，抽提处理也会对木材的声学振动性能产生影响，而且抽提处理也是一种常见的改良木材声学振动性能的手段，抽提处理时，所选择的溶剂、处理的时间和温度等条件对处理效果都有一定的影响。20世纪30年代，Luxford研究认为抽提处理对木材强度的影响与木材中抽提物的含量相关，且含量越高对顺纹抗压影响越大[3]。木材的力学强度和尺寸稳定性等物理力学性能与声学振动性能息息相关，而适当的抽提处理能够降低木材的吸湿特性，改善其尺寸稳定性和力学性能，从而使得木材的发音稳定性提高，声学性能改善。Minato等研究抽提物对木材声学振动性能的影响时选用西加云杉和尖叶饱食桑木的抽提物为研究对象，通过实验发现浸渍尖叶饱食桑木抽提物的西加云杉试件的损耗角正切值有一定的下降，云杉的声学振动性能得到了一定程度的提高[4]。

在乐器制作过程中，有经验的乐器制作师，往往选用年份较久远的木材来制作相应的乐器共鸣部件，其原因可能是长时间的存放会使木材中的某些抽提物挥发去除，使得木材的声学振动性能得到一定程度的改善。因此，本章主要采用物理、化学抽提方法对乐器共鸣板用木材进行抽提处理，并研究其声学振动性能的变化，为提高木材的声学振动性能、高效利用木材资源及解决资源短缺提供一定的科学基础。

3.1 冷水、热水抽提

分别采用冷水、热水对木材进行抽提处理，并对处理前后声学振动性能参数进行测量，对比分析抽提前后木材振动性能的变化。

3.1.1 试验材料

本试验选取规格为长度(L)×宽度(R)×厚度(T)=250mm×32mm×10mm 的泡桐($P.$ $elongata$)木材树种，共 30 块，试件无腐朽、节子、裂纹、虫蛀等缺陷，加工后置于温度 20℃、相对湿度 65%的恒温恒湿调节箱中调湿一个月后，含水率为 12%。在室温条件下精确测量长度、宽度、厚度。根据 GB/T 1933—2009《木材密度测定方法》测定其气干密度。

3.1.2 试验方法

1. 抽提处理方法

将泡桐素材分别置于冷水、热水(恒温水浴锅温度为 80℃)中，每组 15 块(图 3-1)，为保证抽提完全，直至试件下沉(约 2 周时间)，立即取出，沥干木材表面水分，并放在烘箱内调至 60℃进行缓慢干燥，并将干燥好的试件置于温度为 20℃、相对湿度 65%的恒温恒湿调节箱中调湿一个月，与未处理前的素材保持一致。每组选取 10 块完好无损的试件，对抽提处理后泡桐木材密度以及声学振动性能指标进行测定，并与处理前进行对比。选出声学振动性能较优的处理工艺。

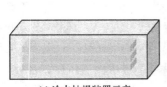 

(a) 冷水抽提装置示意　　　　　　(b) 恒温水浴锅

图 3-1　抽提处理装置

2. 木材声学振动性能测定

参照 2.1.2 节中的基于两端自由的弯曲振动方法进行测定，得出处理前后泡桐木材的密度、动弹性模量、比动弹性模量、动刚性模量、声辐射品质常数、声阻抗、对数衰减系数、E/G 等各项声学振动性能参数，所有未处理材声学振动性能各项指标的平均值如表 3-1 所示。

表 3-1　泡桐木材所有样品各项声学振动参数值

声学振动性能指标	密度 ρ(g/cm³)	动弹性模量 E(GPa)	动刚性模量 G(GPa)	比动弹性模量 E/ρ(GPa)	声辐射品质常数 R[m⁴/(kg·s)]	声阻抗 ω(Pa·s/m)	对数衰减系数 δ	E/G
测试结果平均值	0.247	5.432	0.353	22.054	19.054	1.156	0.058	15.790

　　为表征抽提处理前后声学振动性能参数的变化情况，通过式(3-1)计算获得抽提处理前后的振动性能指标变化率 X。

$$X = \frac{x' - x}{x} \times 100\% \tag{3-1}$$

式中：X——变化率；x——处理前试件的声学振动性能参数；x′——处理后试件的声学振动性能参数。

3. 扫描电镜(SEM)观察

　　采用 SEM 对比观察抽提处理前后泡桐木材表面微观形态的变化(由于音板多为径切板，所以主要观察径切面)。设备为荷兰 FEI 公司制造的 Quanta200 型扫描电子显微镜，在加速电压为 12.5kV 的条件下：

　　首先，将试材加工成 20mm(L)×20mm(T)×20mm(R)规格，再切割成横截面尺寸为 10mm×10mm 的小块试样。

　　其次，将试样固定在切片机上，根据实验需求用锋利的刀片加工成相应的径切面样品，样品的厚度约为 500μm。

　　再次，用双面胶将制备好的样品分别固定在样品台上，在样品表面镀金，使其表面导电。

　　最后，将样品分别放入扫描电镜中进行观察，主要对比观察试材处理前后其导管、纹孔状态以及细胞壁的结构变化等。

4. X 射线衍射(XRD)分析

　　试验采用 X 射线衍射法测定试材的相对结晶度，试验仪器为日本 Rigaku 公司制造的 D/MAX-3B 型 X 射线衍射仪，测试参数为：用 Ni 滤光片消除 CuK_β 辐射，管流为 32mA，管压为 40kV，X 射线管为 Cu 钯，扫描速度为 5°/min，样品扫描的范围为 5°～40°(2θ)。

　　结晶度计算方法如图 3-2 所示，2θ角在 18°附近有极小值，2θ角在 22°附近有 (002)衍射的极大峰值，采用 Segala 等的经验公式法，由式(3-2)计算试材的相对结晶度：

$$\text{CrI} = \frac{I_{002} - I_{am}}{I_{002}} \times 100\% \tag{3-2}$$

式中：CrI——相对结晶度百分率；I_{002}——(002)晶格衍射角的极大强度(任意单位)；I_{am}——2θ 角接近 18°时非结晶背景的衍射强度 I_{am}(任意单位)。

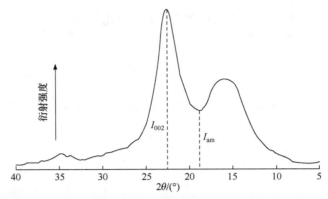

图 3-2　纤维素相对结晶度衍射图的计算方法(Segala 法)

5. 傅里叶变换红外光谱(FTIR)分析

试验设备采用美国 Nicolet 公司 6700 FTIR 傅里叶变换红外光谱仪,分析软件为美国 Nicolet 公司的 OMNIC 8.0 软件(OMNIC software VeRsion 8.0)。

将泡桐各组加工好的样品放置于样品台的金刚石 ATR 附件上,调节压力塔压力至 $5×10^7 \sim 10×10^7$Pa,以压住木片进行测定。用傅里叶变换红外光谱仪测试各样品,红外光谱测定的范围为 $4000 \sim 400cm^{-1}$,将分辨率设置为 $4cm^{-1}$,扫描次数为 40 次,得到各样品的红外光谱谱图曲线。

最后,采用 OMNIC 8.0 进行数据处理,将未处理材和各组处理材的红外光谱谱图曲线进行对比分析。

3.1.3　抽提处理对木材声学振动性能影响的分析

对于乐器共鸣板的声学振动性能与评价指标,一般好的乐器音板要有以下要求:第一方面是对振动效率的要求,声音从音板传出时,小部分能量由于木材内部摩擦的因素损耗,大部分能量转换为声能辐射到空气中。用于评价木材振动效率品质的物理参数主要包括:比动弹性模量(E/ρ)、声辐射品质常数 R、声阻抗 ω、对数衰减系数 δ。第二方面是振动的音色,音板在乐音频率范围内频响特性应分布均匀连续,具有敏锐的时间响应特性,动弹性模量 E 与动刚性模量 G 的比值(E/G)能较好评价木材的振动效率和音色的综合品质。因此,在评价木材声学振动性能时,需要对比动弹性模量(E/ρ)、声辐射品质常数 R、声阻抗 ω、对数衰减系数 δ 和 E/G 等指标进行分析。

1. 冷、热水抽提处理对泡桐木材密度的影响

木材的密度是表示其单位体积内物质含量多少的物理量,对木材各项物理力

学指标有着重要影响[5]。树木的自身遗传先天因素、生长环境等后天因素会影响其密度的变化，因此树木的种类、生长环境、树龄及树干部位不同，其密度就会产生不同的变化。不少前人研究表明，木材的动弹性模量与其密度线性相关，即木材的密度越大，动弹性模量越大。沈隽[6]在研究云杉属木材构造特征与振动特性关系中发现，云杉属木材密度与除 E/G、损耗角正切之外的木材声学振动参数之间的关系十分密切。马丽娜在木材构造与声振性质关系研究中也得到类似的研究结果[7]。因此研究抽提前后泡桐木材密度的变化情况，对研究抽提处理后声学振动性能参数的变化情况十分必要。经冷水、热水抽提处理后，木材密度的变化如图 3-3 所示。

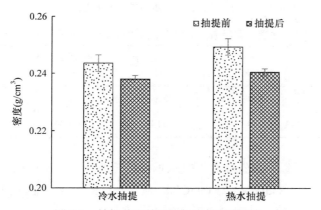

图 3-3　抽提处理前后泡桐木材密度变化

从图 3-3 可以看出，泡桐木材经过冷水、热水抽提处理后，密度分别为 0.238g/cm³、0.240g/cm³，均发生不同程度的减小，分别减小了 2.29%、3.61%。结合表 3-1，两种抽提方式抽提物质含量分别占木材总质量的 12.3%、13.1%。经过热水抽提处理后，泡桐木材抽提出来的物质含量更多，密度减小幅度更大。曾经有人对泡桐的化学成分进行研究和分析，发现泡桐冷水抽提物、热水抽提物含量分别占泡桐化学成分总量的 7.29%、8.70%[8]。这也是导致冷水、热水两种抽提处理后泡桐木材密度减小率不一致的原因之一。

2. 冷、热水抽提处理对泡桐木材比动弹性模量的影响

比动弹性模量(E/ρ)可以代表除空腔之外的细胞壁的动弹性模量，以此来判别振动加速度的大小。木材的比动弹性模量值越大(即木材的动弹性模量越大，同时其密度越小)，其振动效率也就越高，这样的木材就越适合制作乐器用材。通过 FFT 仪器测定及相关软件计算处理得到冷水抽提、热水抽提处理后的平均比动弹性模量以及变化率，如图 3-4 和表 3-2 所示。

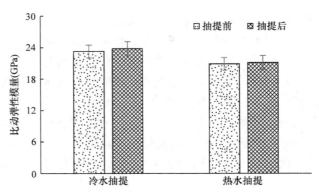

图 3-4　抽提处理前后泡桐木材的比动弹性模量值比较

表 3-2　抽提处理后泡桐木材比动弹性模量变化率及抽提物含量

抽提方式	抽提物含量 平均值(g)	处理前比动弹性模 量值(GPa)	处理后比动弹性模 量值(GPa)	比动弹性模量变化 率平均值(%)
冷水抽提	8.03	23.263	23.753	2.11
热水抽提	8.44	20.845	21.095	1.20

从图 3-4 中可以看出经冷水、热水抽提处理后，泡桐木材比动弹性模量均有所增加，分别为 23.753GPa、21.095GPa，从指标值的变化率看(表 3-2)，分别增加了 2.11%、1.20%，冷水抽提的效果稍优于热水抽提，但总体上，经冷水、热水抽提处理后，从比动弹性模量值来说，提升幅度不大。

3. 冷、热水抽提处理对泡桐木材声辐射品质常数的影响

声辐射品质常数表示将入射能量转换为声能的程度，能够以此判别声压的大小，对乐器共鸣板选材时，通常选取声辐射品质常数高者，认为声辐射品质常数 R 越大，木材能够获得的振动能量越能更大限度地用于向空气中辐射声能，获得的声音音量越大且持久性越强。经冷水、热水抽提处理后，泡桐木材声辐射品质常数及其变化如图 3-5 和表 3-3 所示。

表 3-3　抽提处理后泡桐木材声辐射品质常数变化率

抽提方式	处理前声辐射品质常数值 [m⁴/(kg·s)]	处理后声辐射品质常数值 [m⁴/(kg·s)]	声辐射品质常数变化率平 均值(%)
冷水抽提	19.785	20.465	3.44
热水抽提	18.322	19.106	4.28

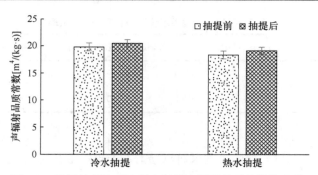

图 3-5 抽提处理前后泡桐木材的声辐射品质常数值比较

从图 3-5 和表 3-3 可以看出，与比动弹性模量的变化情况较一致，经冷水、热水抽提处理后，泡桐木材声辐射品质常数 R 也均增加，增加率分别为 3.44%、4.28%，但与比动弹性模量不同的是，热水抽提后木材声辐射品质常数的改善率要优于冷水抽提处理。

4. 冷、热水抽提处理对泡桐木材声阻抗的影响

声阻抗是评价木材声学振动效率的一个重要指标，指声音在两种介质的边界上反射发生的阻力，其与振动的时间响应特性有关。声阻抗 ω 越小，越有利于提高木材振动的响应时间，提高振动效率。经冷水、热水抽提处理后，泡桐木材声阻抗值及其变化如图 3-6 和表 3-4 所示。

从图 3-6、表 3-4 可以看出，泡桐木材经冷水和热水抽提处理后，泡桐木材声阻抗出现小幅度的降低，其中热水抽提后下降的幅度稍大于冷水抽提，冷水、热水抽提后声阻抗分别降低了 1.28%、2.99%。木材声阻抗值的下降有利于提高其振动效率。

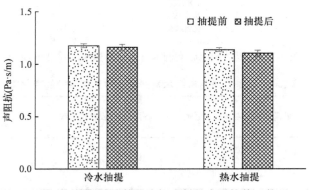

图 3-6 抽提处理前后泡桐木材的声阻抗值比较

表 3-4　抽提处理后泡桐木材声阻抗变化率

抽提方式	处理前声阻抗(Pa·s/m)	处理后声阻抗(Pa·s/m)	声阻抗变化率平均值(%)
冷水抽提	1.174	1.159	−1.28
热水抽提	1.137	1.103	−2.99

5. 冷、热水抽提处理对泡桐木材振动对数衰减系数的影响

对数衰减系数 δ 是评价木材声学振动效率的重要参数。木材的振动能量衰减分为两部分：一部分相当于向空气中辐射能量时克服空气阻力所消耗的能量，这部分能量以声波的形式辐射到空气中，由此产生的衰减为声辐射衰减；另一部分是由于在木材内部及周围接触固定界面上的能量吸收，即由内部分子间的摩擦和界面上的摩擦，将动能转变为热能而消耗，这种能量衰减称为内摩擦衰减或损耗衰减。木材振动所消耗的能量是声能辐射能量分量和内摩擦能量分量的组合。消耗于内摩擦等热损耗因素的能量越小，用于声辐射的能量越大，则声振动的能量转换效率就越高。经冷水、热水抽提处理后，泡桐木材对数衰减系数及其变化如图 3-7 和表 3-5 所示。

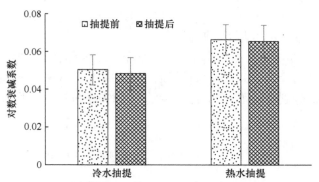

图 3-7　抽提处理前后泡桐木材振动对数衰减系数的比较

表 3-5　抽提处理后泡桐木材振动对数衰减系数的变化率

抽提方式	处理前振动对数衰减系数	处理后振动对数衰减系数	振动对数衰减系数变化率平均值(%)
冷水抽提	0.0502	0.0481	−4.18
热水抽提	0.0662	0.0653	−1.36

从图 3-7、表 3-5 可以看出，泡桐木材经过冷水、热水抽提处理后，其对数衰

减系数发生不同程度的减小，分别由 0.0502、0.0662 下降到 0.0481、0.0653，变化率分别为 4.18%、1.36%，这说明冷水、热水抽提处理能够有效降低泡桐木材振动因内部摩擦而消耗的能量，提高木材声辐射能量，从数据也可以看出，冷水抽提的效果要优于热水抽提。

6. 冷、热水抽提处理对泡桐木材 E/G 的影响

上述比动弹性模量 E/ρ、声辐射品质常数 R、声阻抗 ω 以及对数衰减系数 δ 都是与木材声学振动效率有关的参数。对木材声学品质评价通常从振动效率和音色品质两个方面入手，而动弹性模量 E 与动刚性模量 G 之比(E/G)是评价木材振动音色品质的参数，E/G 值大时，说明频谱在整个频域内分布十分均匀，能够把振动的能量均匀增强并辐射出去，音色较好。对泡桐木材进行冷水、热水抽提处理，E/G 值及其变化结果如图 3-8 和表 3-6 所示。

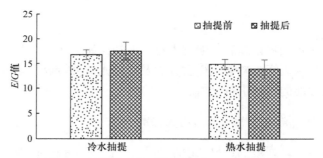

图 3-8　抽提处理前后泡桐木材 E/G 值的比较

表 3-6　抽提处理后泡桐木材 E/G 值的变化率

抽提方式	处理前 E/G 值	处理后 E/G 值	E/G 值变化率平均值(%)
冷水抽提	16.773	17.497	4.32
热水抽提	14.808	13.868	−6.35

从图 3-8、表 3-6 可以看出，泡桐木材经过冷水抽提处理后，E/G 值由 16.773 增加到 17.497，增加 4.32%，与冷水处理结果不同的是，经热水抽提处理后，泡桐木材 E/G 值却减少了，由 14.808 下降到 13.868，下降 6.35%。这说明冷水抽提处理能提高泡桐木材的音色品质，使泡桐音板的发音在整个频谱内更均匀，更悦耳。而经过热水抽提后，泡桐木材振动音色品质则降低。

7. 综合比较

综合上面冷水抽提、热水抽提处理后泡桐木材声学振动性能的分析结果，具

体见表 3-7。

表 3-7　不同抽提处理后泡桐木材声学振动参数变化率

抽提方式	E/ρ 变化率 平均值(%)	R 变化率 平均值(%)	ω 变化率 平均值(%)	δ 变化率 平均值(%)	E/G 变化率 平均值(%)
冷水抽提	2.11	3.44	−1.28	−4.18	4.32
热水抽提	1.20	4.28	−2.99	−1.36	−6.35

在乐器共鸣板用材的选材时，一般要求木材具有较高的比动弹性模量(E/ρ)、声辐射品质常数(R)及 E/G 值，较低的声阻抗(ω)、振动对数衰减系数(δ)，根据表 3-7 中各项结果的综合比较与分析可以看出，冷水抽提处理更能有效提高泡桐木材声学品质。

3.1.4　表征分析

经冷水、热水抽提处理后，泡桐木材的振动性能为什么会产生变化？本研究采用木材微观结构观察、X 射线衍射分析及红外光谱分析等手段对抽提处理影响木材声学振动性能的机理进行分析。

1. 抽提处理对泡桐木材表面形态的影响

利用扫描电镜观察泡桐素材及冷水抽提处理、热水抽提处理各组试材的径切面，结果如图 3-9、图 3-10 所示。

从图 3-9 中经不同抽提方式处理前后泡桐木材其薄壁细胞扫描电镜图可以看出，相对于未处理材，经冷水抽提、热水抽提处理后，泡桐木材薄壁细胞腔内变得非常干净，但经过热水抽提处理后，泡桐木材薄壁细胞有轻微的变形，而冷水抽提处理后的泡桐木材薄壁细胞并未发生变形。这与热水对木材具有一定的软化

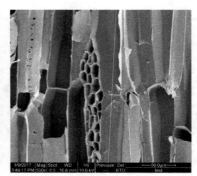

<table><tr><td>(a) 未处理木材</td><td>(b) 冷水抽提处理泡桐木材</td></tr></table>

(c) 热水抽提处理泡桐木材

图 3-9 泡桐木材经不同抽提方式处理前后其薄壁细胞的扫描电镜图

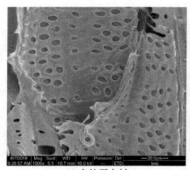

(a) 未处理木材

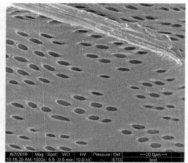

(b) 冷水抽提处理泡桐木材

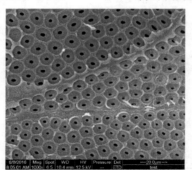

(c) 热水抽提处理泡桐木材

图 3-10 泡桐木材经不同抽提方式处理前后其导管壁纹孔的扫描电镜图

作用有关。另外，抽提处理能够提高木材渗透性[9]，通过观察两种抽提方式处理后泡桐木材导管壁上的纹孔发现，经热水抽提处理后，其纹孔膜像一层薄膜一样脱落，而冷水抽提除将纹孔周围抽提物冲洗干净外，并未破坏纹孔膜(图 3-10)，并且保持了木材细胞的原始结构。因此，冷水抽提处理不但将木材内部的抽提物抽提出来，而且保持了细胞的完整结构与细胞的刚度，增强了木材孔隙的通透性，更有利于声振动信号传播。

2. 抽提处理对泡桐木材纤维素结晶度的影响

木材是一种高聚物，它的使用性能与高聚物分子聚集态的结构之间有很大联系，而高聚物的超分子结构是通过纤维素的结晶度等参数加以描述，纤维的结晶度增加，纤维的抗拉强度、动弹性模量、硬度、尺寸稳定性随之增加。前人研究也表明木材的声学振动性能与相对结晶度的大小呈正相关[10]。对冷水、热水抽提处理后泡桐木材的相对结晶度进行分析，结果如图 3-11 和图 3-12 所示。

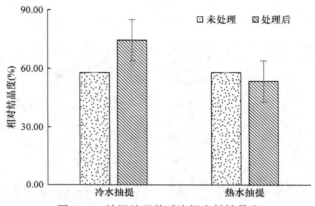

图 3-11　抽提处理前后泡桐木材结晶度

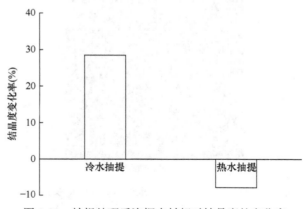

图 3-12　抽提处理后泡桐木材相对结晶度的变化率

从图 3-11、图 3-12 可以看出，泡桐木材经过冷水抽提处理后，其相对结晶度提高，提高的比例为 28.9%。而经过热水抽提后，泡桐木材的相对结晶度降低了，减小比例为 7.77%。热水抽提处理泡桐木材时，热水可对泡桐木材进行软化，使水作为增塑剂，对纤维素非结晶区、半纤维素和木质素进行溶胀，为分子剧烈运动提供自由体积空间和能量，从而使得微纤丝之间的距离增大，最终导致泡桐木材的结晶度减小。前人的研究表明，适当提高木材的结晶度，能够提高木材的声学品质[11]，从这方面来看，冷水抽提处理后，泡桐木材结晶度增加，是其声学振动性能参数提高的原因之一。

3. 抽提处理对泡桐木材红外光谱图的影响

泡桐木材具有一般阔叶树材所具有的红外光谱特征峰，其光谱特征吸收峰及其归属见表 3-8。

表 3-8　木材红外光谱特征吸收峰及其归属

波数(cm^{-1})	吸收带归属及说明
3650～3100	羟基—OH 伸缩振动
2972～2931	甲基—CH$_3$ 或亚甲基 C—H 伸缩振动
1720～1735	非共轭羰基 C=O 伸缩振动
1639	C=O 伸缩振动(木质素的共轭羰基)
1608	苯环的碳骨架振动(木质素)
1462	苯环碳骨架振动，C—H 弯曲振动(木质素，聚糖中的 CH$_2$)
1269	苯环-氧键伸缩振动(木质素)
1227	C—OH 伸缩振动(木质素中的酚羟基)
1157	C—O—C 伸缩振动(纤维素和半纤维素)
1057	C—O 伸缩振动(纤维素和半纤维素)
1030	C—O 伸缩振动(纤维素、半纤维素和木质素)
895	异头碳(C$_1$)振动(多糖)

从冷水、热水抽提处理后泡桐木材的红外光谱图(图 3-13)可以看出，经过冷水抽提、热水抽提后，泡桐木材的红外光谱图发生了一定的变化。特别是在 3400cm^{-1}、2931cm^{-1}、1736cm^{-1}、1608cm^{-1}、1269cm^{-1} 以及 1030cm^{-1} 附近的特征峰。结合表 3-8，3400cm^{-1} 附近的吸收峰与羟基—OH 伸缩振动有关，经过对比发现，热水抽提处理的泡桐木材在 3400cm^{-1} 处的吸收峰增强，这说明热水抽提处理增加了泡桐木材游离羟基的数目。而经过冷水抽提后的泡桐木材，在此处附近的峰值没有发生太大的变化。2931cm^{-1} 的吸收峰与亚甲基 C—H 的伸缩振动有关，此特征吸收峰经过热水抽提处理后，其强度出现一定程度的减弱，原因可能是泡

桐木材的纤维素发生了一定的热解，而冷水抽提后的泡桐木材此处的吸收峰强度未发生变化。另外，热水抽提后，泡桐木材在 1736cm^{-1} 处的吸收峰发生一定程度的减弱，此处的吸收峰与非共轭羰基 C=O 伸缩振动有关。该吸收峰的吸收有所减弱，表明木材中 C=O 的含量有所减少，原因可能是半纤维素的热稳定性差，随热水抽提时间的延长，半纤维素中的多聚糖分子链上的乙酰基水解断裂生成乙酸，使得羰基(C=O)的数量减少。1608cm^{-1} 和 1269cm^{-1} 处的吸收峰，前者与苯环的碳骨架振动有关，后者与苯环-氧键伸缩振动有关。经过冷水、热水抽提处理后，这两处的吸收峰强度均呈现一定程度的减弱，这可能与抽提物中含有苯环的物质有关。另外，在热水抽提处理后的泡桐木材在 1030cm^{-1} 处吸收峰明显减弱，这可能是因为随着热水抽提时间的增加，泡桐木材的纤维素和半纤维素均发生了一定程度的降解。总体来说，泡桐木材经过热水抽提处理后，其红外光谱图发生较为明显的变化，冷水抽提后泡桐木材的红外光谱图变化不明显，即化学结构变化不显著。

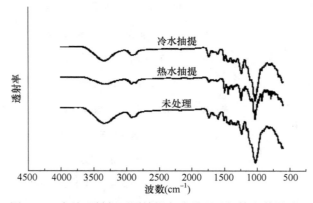

图 3-13   未处理材与不同抽提方式处理后红外光谱图对照

3.2   化学抽提处理

前人研究已经表明抽提物对木材声学振动性能会产生影响，木材中抽提物的种类繁多，不同的抽提方法抽提出的抽提物种类有所不同，上面主要采用冷水、热水抽提的方法对木材进行处理，研究抽提对木材声学振动性能的影响。木材抽提的方法，除了水抽提之外，也可以采用化学溶剂对木材进行抽提。本节主要采用无水乙醇(AR)、苯甲醇(AR)、二氯甲烷(AR)化学试剂对木材进行抽提处理，为进行比较，同时以去离子水为溶剂对木材进行抽提，分析抽提处理对木材声学振动性能的影响。

3.2.1　试验材料

本试验选取河南兰考泡桐(*P. elongata*)木材和东北鱼鳞云杉(*Picea jezoensis*)试件，各 40 块，试件尺寸为 300mm(*L*)×30mm(*R*)×10mm(*T*)，且无开裂、变形、腐朽、节子等明显缺陷。

抽提试剂：去离子水、无水乙醇(AR)、苯甲醇(AR)、二氯甲烷(AR)。

3.2.2　试验方法

1. 抽提处理方法

将 40 块试件分为 8 组，每组 5 块，将每组试件按照顺序放入恒温恒湿箱中调节湿度(65%)和温度(20℃)，调节平衡含水率至 12%。测量初始质量、密度，利用快速傅里叶变换频谱分析仪测定木材的各项声学振动性能[12]，再分别用去离子水、无水乙醇、二氯甲烷、苯甲醇 4 种溶剂在常温环境下对样品进行抽提处理，抽提时间为 15d，抽提处理完成后将含水率调节至 12%，称重。测量得到处理材的最终质量、密度及各项声学振动性能参数。

2. 木材声学振动性能测定

参照 2.1.2 节中的基于两端自由的弯曲振动方法进行测定，得出处理前后木材的密度ρ、动弹性模量 E、动刚性模量 G、比动弹性模量 E/ρ、声辐射品质常数 R、声阻抗ω、对数衰减系数δ、E/G、声转换效率 $v/(\rho \cdot \delta)$、传输参数 v/δ 等指标，并计算处理前后各项指标的变化率。

3. 扫描电镜(SEM)观察

本试验利用扫描电镜技术，对比分析 4 种溶剂抽提前后的木材微观表面的变化情况，主要观察木材的径切面和弦切面。设备采用荷兰 FEI 公司制造的Quanta200 型扫描电子显微镜，在加速电压为 12.5kV 的条件下进行。

首先，分别将泡桐木材和云杉的未处理材及用去离子水、二氯甲烷、苯甲醇、无水乙醇抽提处理后的试件，用切片刀将木材劈开，裁去有刀印的部位，制样。然后，观察木材的树脂道、树胶道以及纹孔、导管壁等抽提物易存在的部位。

4. X 射线衍射(XRD)分析

方法同 3.1.2 节。

5. 傅里叶变换红外光谱(FTIR)分析

方法同 3.1.2 节。

3.2.3　抽提处理对木材声学振动性能影响的分析

1. 抽提处理前后木材的各项参数

抽提处理前后木材的各项声学振动性能参数如表 3-9 和表 3-10 所示。

表 3-9　抽提前后云杉的振动性能参数

参量	去离子水		二氯甲烷		苯甲醇		无水乙醇	
	抽提前	抽提后	抽提前	抽提后	抽提前	抽提后	抽提前	抽提后
密度 ρ(g/cm³)	0.398	0.370	0.451	0.405	0.394	0.360	0.401	0.369
动弹性模量 E(GPa)	12.882	12.802	16.366	16.636	14.482	15.114	14.524	14.892
动刚性模量 G(GPa)	0.685	0.700	0.761	0.782	0.613	0.633	0.627	0.639
对数衰减系数 δ	0.0404	0.0358	0.0435	0.0311	0.0455	0.0312	0.0588	0.0569
声速 v(m/s)	5689	5882	6024	6409	6063	6479	6018	6353
声阻抗(Pa·s/m)	2.261	2.174	2.714	2.596	2.388	2.330	2.412	2.343
声辐射品质常数 R[m⁴/(kg·s)]	14.432	16.049	13.377	15.800	15.385	18.065	15.138	17.391
传输参数 v/δ(10^5m/s)	1.410	1.643	1.385	2.061	1.333	2.074	1.023	1.117
声转换效率 $v/(\rho\cdot\delta)$[m⁴/(s·kg)]	354.173	444.072	307.056	508.840	338.337	576.136	255.067	302.676
E/G	19.043	18.539	21.655	21.426	23.938	23.987	23.503	23.744
比动弹性模量 E/ρ(GPa)	32.360	34.600	36.320	41.030	36.560	41.870	36.230	40.240

表 3-10　抽提前后泡桐的振动性能参数

参量	去离子水		二氯甲烷		苯甲醇		无水乙醇	
	抽提前	抽提后	抽提前	抽提后	抽提前	抽提后	抽提前	抽提后
密度 ρ(g/cm³)	0.218	0.203	0.254	0.231	0.225	0.212	0.224	0.213
动弹性模量 E(GPa)	4.200	4.077	6.541	6.781	4.093	4.136	4.613	4.614
动刚性模量 G(GPa)	0.380	0.379	0.426	0.427	0.306	0.312	0.358	0.344
对数衰减系数 δ	0.0475	0.0364	0.0478	0.0380	0.0481	0.0369	0.0405	0.0361
声速 v(m/s)	4389	4482	5074	5418	4265	4417	4538	4654

续表

参量	去离子水		二氯甲烷		苯甲醇		无水乙醇	
	抽提前	抽提后	抽提前	抽提后	抽提前	抽提后	抽提前	抽提后
声阻抗(Pa·s/m)	0.951	0.903	1.290	1.253	0.954	0.930	1.016	0.990
声辐射品质常数 $R[m^4/(kg·s)]$	20.335	22.337	19.986	23.439	19.108	21.088	20.547	22.181
传输参数 $v/\delta(10^5 m/s)$	0.924	1.233	1.061	1.425	0.886	1.197	1.119	1.291
声转换效率 $v/(\rho·\delta)[m^4/(s·kg)]$	423.863	607.174	417.781	616.885	393.769	564.598	499.709	605.973
E/G	12.027	11.719	15.441	15.944	13.575	13.916	12.913	13.494
比动弹性模量 $E/\rho(GPa)$	19.480	20.340	25.710	29.290	18.370	19.760	20.620	21.700

如表 3-9、表 3-10 所示，云杉、泡桐木材经过 4 种溶液的抽提后，试件的密度、对数衰减系数、声阻抗均呈现降低的变化趋势，动弹性模量、动刚性模量、E/G 的变化幅度较小，而比动弹性模量、声辐射品质常数、声速、传输参数及声转换效率等参数均呈增加的变化趋势。

2. 不同抽提溶剂处理对木材密度 ρ、动弹性模量 E 和比动弹性模量 E/ρ 的影响

抽提处理对木材密度、动弹性模量会产生影响，而低密度和高动弹性模量有利于木材试件声学振动性能的提高[13]。抽提后云杉和泡桐的密度、动弹性模量及比动弹性模量值的变化规律及变化率如图 3-14～图 3-16 所示。

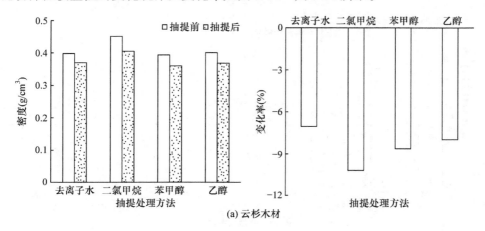

(a) 云杉木材

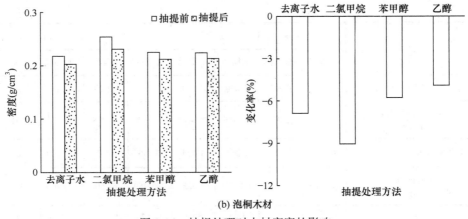

(b) 泡桐木材

图 3-14　抽提处理对木材密度的影响

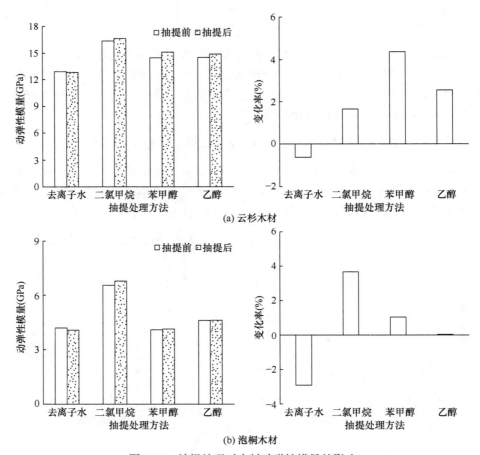

图 3-15　抽提处理对木材动弹性模量的影响

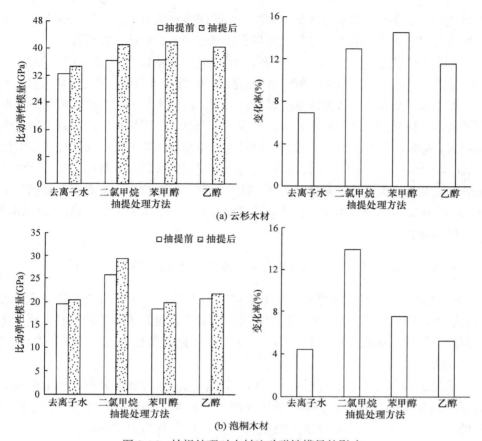

(a) 云杉木材

(b) 泡桐木材

图 3-16　抽提处理对木材比动弹性模量的影响

从图 3-14 可以得出，云杉经过去离子水、二氯甲烷、苯甲醇和乙醇抽提处理后，密度均呈现出变小趋势，变化率分别为-7.04%、-10.20%、-8.63%和-7.98%，其中经过二氯甲烷抽提处理后，密度减小的程度最为明显(-10.20%)；泡桐经过 4 种溶剂抽提后，密度亦呈现下降的变化，其中经过二氯甲烷抽提处理后，降低最明显(-9.06%)，无水乙醇抽提处理后变化最小(-4.91%)。不同溶剂所能溶解物质的含量和种类不同，所以导致各组试件的密度减小幅度不一致。

从图 3-15 可以看出，云杉、泡桐木材经过去离子水抽提处理后，其动弹性模量均发生降低，而经过二氯甲烷、苯甲醇和乙醇抽提后，其动弹性模量均得到了提高，但在变化幅度上两种树种有区别。经过去离子水抽提处理后，云杉木材动弹性模量降低幅度较小，仅为-0.62%，而泡桐木材动弹性模量降低幅度为-2.91%；对于云杉木材，经苯甲醇抽提处理后，动弹性模量增加的幅度最大，增加率为4.36%，而对于泡桐木材，二氯甲烷抽提处理后其动弹性模量增加最明显，增加率为 3.67%。动弹性模量与木材的物理力学性能等直接相关,可见二氯甲烷、苯甲醇及乙醇的抽提物的析出有利于提高云杉和泡桐木材的动弹性模量。

比动弹性模量 E/ρ 是衡量材料声学振动性能的重要指标之一,前人研究表明[14],比动弹性模量越高,材料的声学振动性能越好。从图 3-16 可知,经过去离子水、二氯甲烷、苯甲醇和乙醇 4 种溶剂抽提后,云杉、泡桐木材的比动弹性模量值均得到了提高,但提高的幅度有所差异,泡桐木材经过二氯甲烷抽提后,其比动弹性模量 E/ρ 提高最多(13.92%),而云杉木材经过苯甲醇抽提处理后比动弹性模量增幅最大(14.52%);经去离子水抽提处理后,云杉、泡桐两种树种木材的比动弹性模量提升幅度均最小,去离子水抽提后其密度、动弹性模量均产生下降,但经抽提物析出,密度减少的程度更大,因此去离子水抽提处理后木材的比动弹性模量亦增加,但增加幅度较小。

3. 不同抽提溶剂处理对木材的动刚性模量 G 和 E/G 的影响

木材动刚性模量 G(又称动剪切模量)与 E/G 值直接相关,而 E/G 值与乐音的自然程度、旋律、音色的浑厚程度等心理因素有关,且高 E/G 值的材料,更适合用作乐器材[15]。抽提前后,木材 G、E/G 值的变化规律及变化率,如图 3-17 和图 3-18 所示。

从图 3-17 可以看出,经过去离子水、二氯甲烷、苯甲醇、乙醇 4 种溶剂抽提处理后,云杉的 G 均增加,其中苯甲醇抽提后 G 增加幅度最大(3.34%);乙醇抽提处理后的试件,G 增幅最小(1.98%)。木材的 G 与物理力学性能直接相关,可见这 4 种溶剂的抽提物含量下降有利于木材 G 的提高,其中苯甲醇的抽提物影响最大。

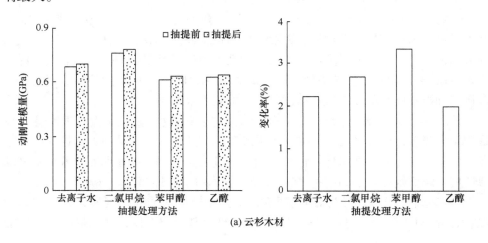

(a) 云杉木材

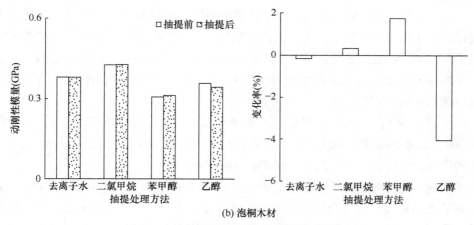

(b) 泡桐木材

图 3-17 抽提处理对木材动刚性模量的影响

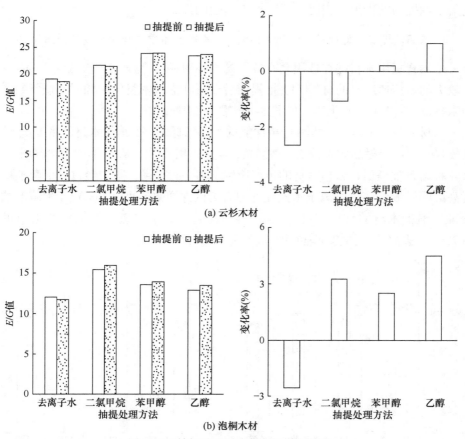

(a) 云杉木材

(b) 泡桐木材

图 3-18 抽提处理对木材 E/G 值的影响

对于泡桐木材，经过去离子水、乙醇抽提后，泡桐木材的 G 呈现减小的变化规律，但去离子水抽提后，降低的幅度很小，而乙醇抽提处理后降低的幅度相对较大(−4.04%)，二氯甲烷、苯甲醇抽提后泡桐木材 G 呈现增加的变化规律，其中苯甲醇抽提后上升幅度较大(1.76%)，可见二氯甲烷、苯甲醇抽提物析出有利于提高泡桐木材的动刚性模量。

从图 3-18 可以看出，云杉经过去离子水和二氯甲烷抽提处理后，其 E/G 值发生降低，减小的幅度分别为−2.64%、−1.06%；经过苯甲醇和乙醇抽提处理后，E/G 值均增加，增幅分别为 0.20%、1.02%，增幅较小。

泡桐木材经过去离子水抽提处理后，其 E/G 值降低(−2.56%)，其余 3 种有机溶剂抽提后的处理效果则呈现增加的变化趋势，其中经过乙醇抽提后，E/G 值增长率最大(4.50%)。因此可以推断，乙醇抽提物的析出有利于 E/G 值的提高，而去离子水抽提物的析出则相反，不利于 E/G 值的提高。

4. 不同抽提溶剂处理对木材的声阻抗 ω、声辐射品质常数 R 和传声速度 v 的影响

乐器音板用木材往往选用具有较大的声辐射品质常数 R、较低的声阻抗 ω 以及较大的传声速度 v 的材料[16]。抽提前后云杉和泡桐木材的声辐射品质常数 R、声阻抗 ω、声速 v 及变化率，如图 3-19～图 3-21 所示。

木材的声速 v 是评价木材传声性能的主要指标之一，其与木材的密度 ρ、动弹性模量 E、声辐射品质常数 R、声阻抗 ω 等直接相关[14]。从图 3-19 可以看出，经过 4 种溶剂抽提后，云杉木材的传声速度 v 均得到提高，其中经过苯甲醇抽提后提高最明显(6.87%)，去离子水抽提处理后的试件增幅最小(3.39%)；4 种溶剂抽提处理后泡桐木材的传声速度 v 也均得到提高，其中二氯甲烷抽提的增幅最大(6.77%)，去离子水抽提处理的增幅最小(2.11%)。

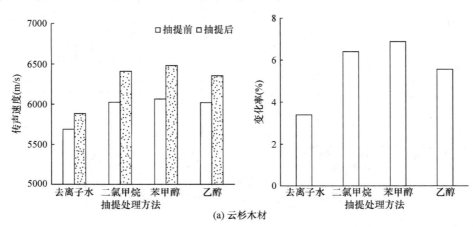

(a) 云杉木材

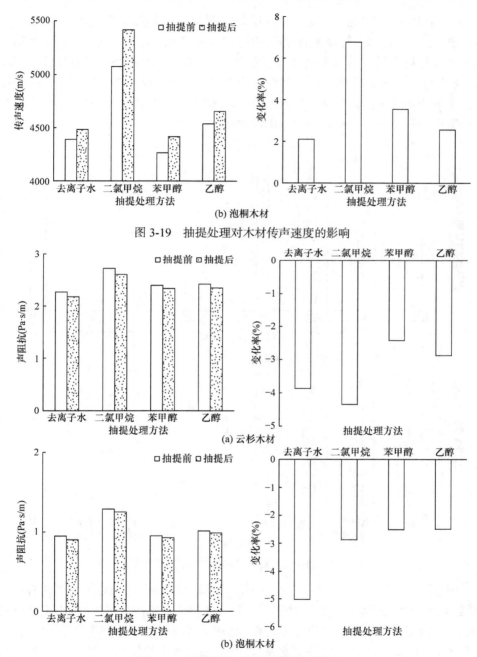

(b) 泡桐木材

图 3-19 抽提处理对木材传声速度的影响

(a) 云杉木材

(b) 泡桐木材

图 3-20 抽提处理对木材声阻抗的影响

声阻抗 ω 与振动的时间响应特性有关,声阻抗 ω 越小,木材的振动性能越好[17]。如图 3-20 所示,经过 4 种溶剂抽提后云杉、泡桐木材的声阻抗 ω 均呈降低的变化趋势；对于云杉木材，当经过二氯甲烷抽提后，声阻抗 ω 降低的幅度最明显(–4.35%)，而经过苯甲醇抽提后减小的幅度最小(–2.42%)；对于泡桐木材，当用去离子水抽提处理后，其声阻抗降低幅度最大(–5.03%)，而乙醇抽提后降低的幅度最小(–2.49%)。分析苯甲醇和二氯甲烷的抽提物可知，萜烯类和醇类化合物的存在对木材声阻抗 ω 呈现不利的影响。因此，这类化合物的析出可以一定程度提高木材的振动辐射能力，提高声振动的能量转换效率。

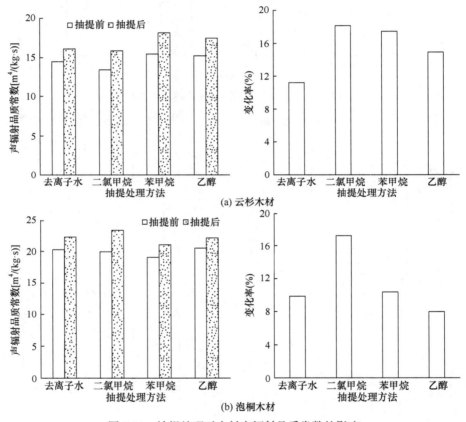

(a) 云杉木材

(b) 泡桐木材

图 3-21　抽提处理对木材声辐射品质常数的影响

从图 3-21 可以看出，经过 4 种溶剂抽提处理后，云杉、泡桐木材的声辐射品质常数 R 均呈现升高的趋势。经抽提处理后木材的密度 ρ 减少，而传声速度 v 增加，从而使得声辐射品质常数得到提高。比较 4 种溶剂抽提结果的差异可以看出，对于云杉木材，经二氯甲烷抽提处理后，声辐射品质常数提高最明显(18.11%)，而去离子水抽提处理后，试件的声辐射品质常数提高幅度最小(11.20%)；对于泡桐木材，与云杉木材类似，也是通过二氯甲烷抽提处理后，声辐射品质常数提高最明显(17.28%)，但与云杉木材不同的是，泡桐木材经过乙醇抽提处理后，声辐射品质常数提高幅度最小(7.95%)。对比分析抽提物的种类可以发现，醇类和萜烯类化合物的抽出有利于提高木材的声辐射品质常数。

5. 不同抽提溶剂处理对对数衰减系数δ、传输参数 v/δ 和声转换效率 $v/(\rho \cdot \delta)$ 的影响

对数衰减系数δ、传输参数 v/δ 和声转换效率 $v/(\rho \cdot \delta)$ 是评价能量传递效率的重要指标，用来表征木材的振动传输特性。对数衰减系数越小，传声速度越大，则传输参数、能量转换效率也就越大，用作声学振动的能量也就越高，声学性能越好。云杉和泡桐木材抽提处理前后，对数衰减系数、传声参数、声转换效率及其变化率如图 3-22～图 3-24 所示。

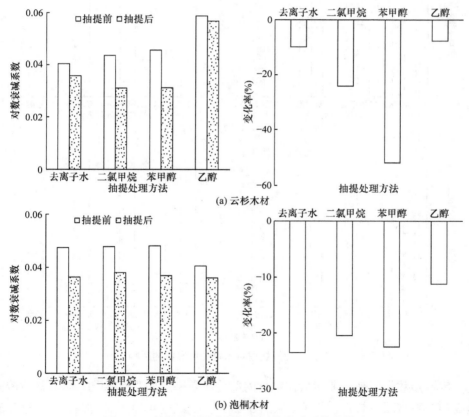

图 3-22　抽提处理对木材振动对数衰减系数的影响

对数衰减系数δ是指内摩擦损耗所引起的能量消耗。从图 3-22 可以看出，云杉、泡桐经去离子水、二氯甲烷、苯甲醇和乙醇抽提处理后，对数衰减系数均呈现显著的下降趋势。对于云杉木材，经过 4 种溶剂抽提处理后，对数衰减系数分

别下降了 10.06%、24.19%、51.97%、7.92%，其中经过苯甲醇抽提后，对数衰减系数降低最明显(−51.97%)；对于泡桐木材，经过 4 种溶剂抽提处理后，对数衰减系数分别降低了 23.52%、20.49%、22.51%、11.22%，经去离子水处理后，对数衰减系数下降最明显(−23.52%)。不同木材中含有的抽提物种类不同，而不同的抽提物对木材对数衰减系数的影响不同。对数衰减系数减小有利于木材维持一段时间的余音，使乐器材的声音更加饱满有余韵。

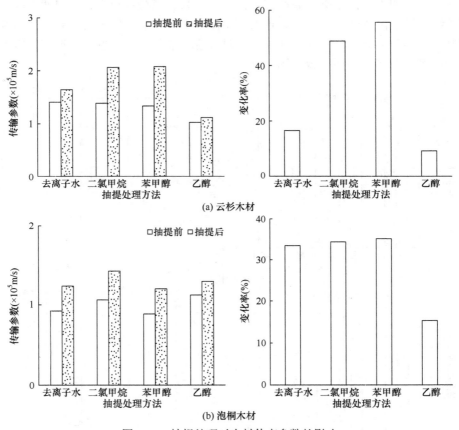

图 3-23　抽提处理对木材传声参数的影响

传输参数是用来表征能量在木材内部传输效率的重要指标[18]，与木材的传输速度和对数衰减系数直接相关。从图 3-23 可知，经过 4 种溶剂抽提后的云杉和泡桐木材，它们的传输参数均得到提高，经过苯甲醇抽提后的云杉木材传输参数提高最多(55.59%)，其余 3 种溶剂抽提后的变化率均小于 50%，且乙醇处理后的云杉传输参数增加最小(9.20%)；相比于云杉木材，泡桐木材的传输参数变化率较为平缓，苯甲醇处理后的泡桐木材传输参数变化最明显(35.10%)，乙醇抽提处理后的变化率最小(15.31%)。因此可以推断,4 种溶剂的抽提处理均有利于提高云杉和泡桐木材的传输参数,其中苯甲醇处理后的效果最为明显,且苯甲醇处理后云杉传输参数的变化率远高于对应处理的泡桐木材。

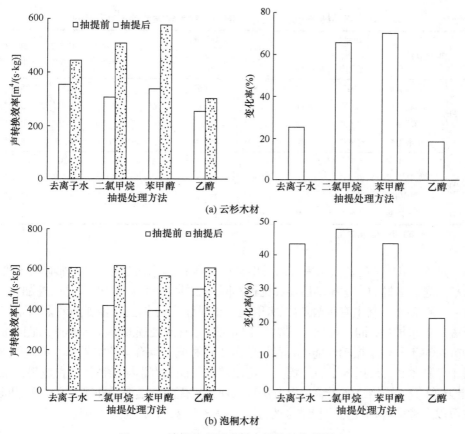

(a) 云杉木材

(b) 泡桐木材

图 3-24　抽提处理对木材声转换效率的影响

声转换效率是评价能量转换效率的另一重要物理量[19,20]。从图 3-24 可以看出,经过 4 种溶剂抽提处理后,云杉木材的声转换效率变化规律与传声参数 v/δ 相一致,均在苯甲醇抽提处理后增幅最大(70.28%),在乙醇抽提处理后增幅最小(18.67%),而对于泡桐木材,二氯甲烷抽提处理后的泡桐木材传输参数变化最明显(47.66%),乙醇抽提处理后的变化率最小(21.27%)。可以发现,传输参数、声转换效率这两个参数与对数衰减系数 δ 的变化规律相反,因此苯甲醇抽提处理有利于云杉和泡桐的振动能量利用率提高。

6. 综合比较

综合上面 4 种溶剂抽提处理后云杉、泡桐木材主要声学振动性能的分析结果，具体见表 3-11。

表 3-11　不同抽提处理后云杉、泡桐木材声学振动参数变化率(%)

抽提方法		比动弹性模量变化率	声辐射品质常数变化率	声阻抗变化率	对数衰减系数变化率	E/G 变化率	声速变化率	传输参数变化率	声转换效率变化率
云杉	去离子水	6.92*	11.20*	−3.87*	−10.06*	−2.64#	3.39*	16.56*	25.38*
	二氯甲烷	12.97*	18.11*	−4.35*	−24.19*	−1.06#	6.39*	48.81*	65.72*
	苯甲醇	14.52*	17.42*	−2.42*	−51.97*	0.20*	6.87*	55.59*	70.28*
	无水乙醇	11.57*	14.89*	−2.87*	−7.92*	1.02*	5.56*	9.20*	18.67*
泡桐	去离子水	4.41*	9.85*	−5.03*	−23.52*	−2.56#	2.11*	33.39*	43.25*
	二氯甲烷	13.92*	17.28*	−2.87*	−20.49*	3.26*	6.77*	34.29*	47.66*
	苯甲醇	7.57*	10.36*	−2.51*	−22.51*	2.51*	3.56*	35.10*	43.38*
	无水乙醇	5.24*	7.95*	−2.49*	−11.22*	4.50*	2.57*	15.31*	21.27*

注：*表示改善；#表示劣化。

从表 3-11 中的各项结果可以看出，在总体上，不同的抽提方法都有利于改善云杉、泡桐木材的声学振动性能；比较不同方法的结果可以看出，不同方法的改良效果存在差异，其中有机溶剂(二氯甲烷、苯甲醇、无水乙醇)抽提的效果总体上优于去离子水抽提；同一种抽提方法对不同树种木材的处理效果存在差异，而且同一种方法对不同声学振动性能指标的影响也不尽相同；综合各项结果基本可以得出，对于云杉木材，采用苯甲醇抽提方法可以获得较优的声学振动性能改良效果，而对于泡桐木材，采用二氯甲烷抽提方法可以获得较优的声学振动性能改良效果。同时也可以采取多种抽提方法相结合的方式来提升木材的声学振动性能。

3.2.4　表征分析

为进一步研究去离子水、二氯甲烷、苯甲醇及无水乙醇 4 种溶剂抽提对木材声学振动性能的影响机理，本研究采用木材微观结构观察、X 射线衍射分析及红外光谱分析等手段分析抽提处理对木材结构、化学属性的影响。

1. 4 种抽提溶剂对泡桐和云杉木材表面形态的影响

利用扫描电镜观察云杉与泡桐未处理材、4 种抽提方法处理后各组试件的微观结构变化情况，结果如图 3-25 和图 3-26 所示。

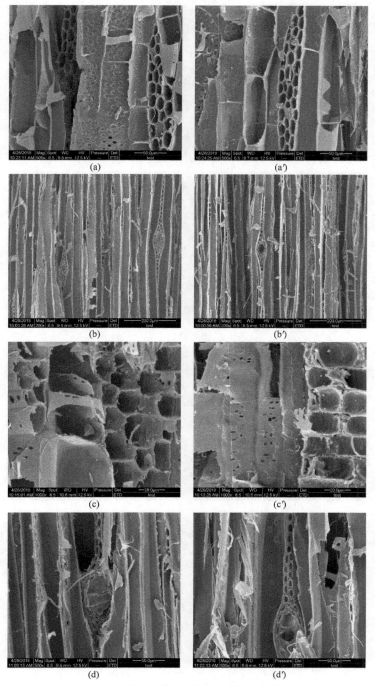

图 3-25　云杉未处理材及抽提处理材的扫描电镜图

(a)、(b)、(c)、(d)：未处理材；(a′)、(b′)、(c′)、(d′)：去离子水、二氯甲烷、苯甲醇、无水乙醇抽提后的木材

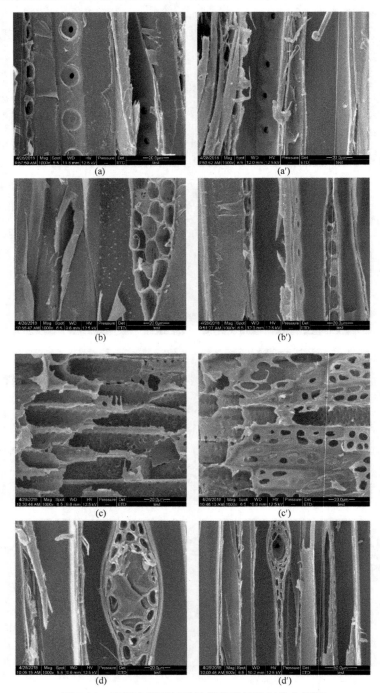

图 3-26 泡桐未处理材及抽提处理材的扫描电镜图
(a)、(b)、(c)、(d)：未处理材；(a′)、(b′)、(c′)、(d′)：去离子水、二氯甲烷、苯甲醇、无水乙醇抽提后的木材

　　通过对比未处理材与处理材的扫描电镜图(图 3-25、图 3-26)可以看出，未处理材的纹孔和树脂道内充满侵填体，抽提处理后木材内的侵填物被抽出，导管壁面更加光滑，纹孔纹路清晰。经过抽提处理后，密度降低，则比动弹性模量、声辐射品质常数增加，使得抽提后比动弹性模量、声辐射品质常数的提高有利于木材声学性能的提升；对比不同的抽提溶剂，二氯甲烷和苯甲醇的抽提效果最好，木材的纹孔以及木射线比乙醇和去离子水抽提的更加干净。从木材的声学振动特性来看，将这些膜状或者颗粒状的内含物抽出后，密度减小，因此比动弹性模量、声辐射品质常数增大；从能量方面考虑，抽提处理后木材中的侵填物被抽出，使得因内摩擦而损耗的能量减少，声转换效率、传输参数提高，对数衰减系数降低，因此抽提处理有利于木材声学振动特性的提高。

2. 抽提处理对泡桐和云杉木材结晶度的影响

　　前人研究得出云杉和泡桐木材的结晶度与动弹性模量 E、比动弹性模量 E/ρ 等声学参数之间存在着正向相关关系[21]。根据前人的相关研究，木材经过 NaOH 处理后的相对结晶度增加 19.4%[22]，当处理温度为 160℃、180℃、220℃时相对结晶度分别增加了 5.07%、8.57%、24.30%，但处理温度为 200℃时，相对结晶度却下降了 36.54%[23]。本研究中，4 种溶剂抽提处理对云杉和泡桐结晶度的影响及结晶度变化率，如图 3-27～图 3-30 所示。

　　比对分析 4 种不同溶剂抽提处理后云杉木材的 X 射线衍射谱图及相对结晶度，如图 3-27 所示，4 种溶剂抽提处理后的云杉试件及其结晶区的位置没有发生变化，但衍射峰的强度发生了改变，这意味着木材纤维的结构基本没有改变，只是木材中一些无定形物质减少，使得相对结晶度提高。根据图 3-28 可以得出，云

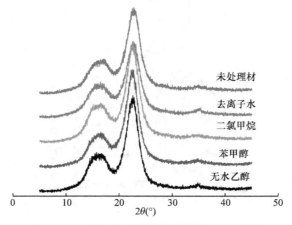

图 3-27　云杉未处理材及处理材的 XRD 谱图

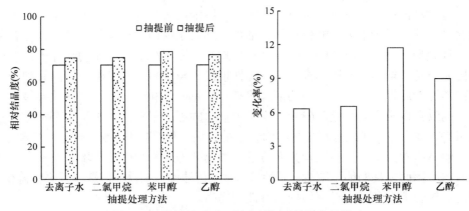

图 3-28　抽提处理对云杉木材相对结晶度的影响

杉木材经过去离子水、二氯甲烷、苯甲醇和乙醇溶剂抽提处理后，相对结晶度的绝对数值分别增加了 4.45%、4.59%、8.24%和 6.31%，增加的比例分别为 6.33%、6.53%、11.71%和 8.96%。不同方法处理，相对结晶度的变化存在差异，其中苯甲醇抽提对云杉结晶度的提高最明显，变化率最高(11.71%)。木材试件的相对结晶度越高，则木材的动弹性模量 E 越大，同时抽提物析出使得密度减小，导致比动弹性模量增大；同时相对结晶度增加，木材的传声速度也得到提高，声学振动性能越好[24]。

从图 3-29 可以看出，4 种溶剂抽提处理后的泡桐木材，其 X 射线衍射峰的位置没有发生偏移，但衍射峰的强度有所不同。通过对比 4 种不同溶剂抽提处理后泡桐的相对结晶度可以看出(图 3-30)，经过去离子水、二氯甲烷、苯甲醇和无水乙醇溶剂抽提处理后，相对结晶度的绝对数值分别增加 4.37%、10.07%、1.56%和

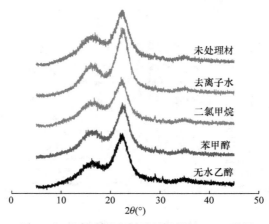

图 3-29　泡桐未处理材及处理材的 XRD 谱图

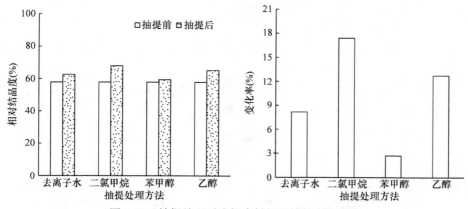

图 3-30 抽提处理对泡桐木材相对结晶度的影响

7.36%，增加的比例分别为 8.18%、17.14%、2.69% 和 12.72%。不同方法处理，相对结晶度的变化存在差异，其中二氯甲烷抽提处理效果最明显。木材试件相对结晶度的提高，改善了木材的声学振动性能。

进一步综合比较前人的研究可知，相对于 NaOH 抽提[22]、热处理等方法[23]，经过去离子水、二氯甲烷、苯甲醇和无水乙醇 4 种溶剂抽提处理后木材的相对结晶度增加的幅度较平缓，但与其他方式相比较更加温和且不会破坏木材本身。云杉和泡桐木材的相对结晶度发生不同程度的增加，造成这种现象的原因可能是泡桐木材和云杉木材本身抽提物的种类和含量不同，且不同抽提溶剂能溶解木材中无定形物质的能力也不同，去离子水可以溶解无机物质、酸类及部分醇类化合物，苯醇和二氯甲烷主要溶解的是醇类和萜烯类化合物，乙醇主要溶解木材中的菲类、烃类和一些其他物质。

3. 抽提处理对泡桐和云杉木材化学组分的影响

通过 FTIR 观察木材内部官能团的变化情况，从而判断木材发生的化学反应，如图 3-31 和图 3-32 所示。

从图 3-31 和图 3-32 可以看出，波数范围 3650~3100cm^{-1} 是羟基—OH 的伸缩振动区域，苯甲醇抽提完之后木材的羟基振动减少，其次是二氯甲烷、乙醇、去离子水，未处理材的羟基振动最明显；在 1000cm^{-1} 处主要是纤维素、半纤维素以及木质素上的 C—O 键的振动，经苯甲醇和二氯甲烷抽提处理后，此处木材的衍射峰强度明显小于乙醇和去离子水的抽提材，未处理试件中游离的羟基含量均高于抽提处理后的试件。木材上羟基数目的减少，有利于抗湿特性的提高，使得试件的发音稳定性能增强；同时，C—O 键的减少，说明木材内半纤维素的数量可能减少，从而导致木材的密度降低，使得木材比动弹性模量增加[25]。

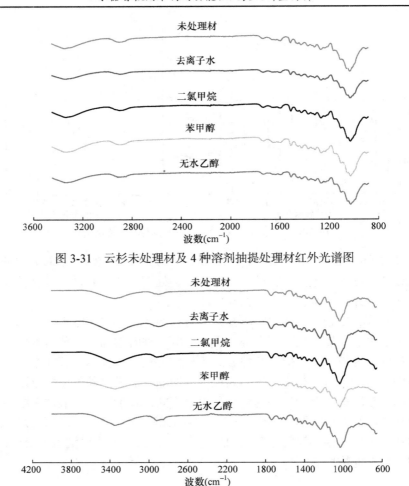

图 3-31　云杉未处理材及 4 种溶剂抽提处理材红外光谱图

图 3-32　泡桐未处理材及 4 种溶剂抽提处理材红外光谱图

对于泡桐，在羟基的振动峰处减少的数量依次是苯甲醇、去离子水、乙醇、二氯甲烷和未处理试件，在 C—O 处振动峰的变化情况与云杉情况相一致。这说明，抽提处理使得木材中游离的羟基减少，同时抽提出木材内的半纤维素和一些杂质，降低了木材的密度，有利于木材比动弹性模量以及声辐射品质常数的提高，使得木材试件的声学性能得到改善。

3.3　本　章　小　结

本章采用冷水、热水、去离子水、二氯甲烷、苯甲醇、无水乙醇等对泡桐、云杉木材进行抽提处理，研究抽提处理对木材声学振动性能的影响规律，得出以下几点结论。

(1) 经抽提处理后，泡桐、云杉木材的声学振动性能均有一定程度的改善，但不同的抽提方法，改善效果存在差异；同一种抽提方法对不同树种木材的处理效果也存在差异，而且同一种方法对不同声学振动性能指标的影响也不尽相同。

(2) 采用冷水、热水抽提对泡桐木材进行处理，从声学振动性能的变化可以看出，冷水抽提处理的效果优于热水抽提。

(3) 采用去离子水、二氯甲烷、苯甲醇、无水乙醇对泡桐、云杉木材进行抽提处理，比较处理的效果可以看出，有机溶剂(二氯甲烷、苯甲醇、无水乙醇)抽提的效果总体上优于极性溶剂(去离子水)的抽提效果；综合各项结果基本可以得出，对于云杉木材，采用苯甲醇抽提方法可以获得较优的声学振动性能改良效果，而对于泡桐木材，采用二氯甲烷抽提方法可以获得较优的声学振动性能改良效果。同时也可以采取多种抽提方法相结合的方式来提升木材的声学振动性能。

(4) 经抽提处理后，木材细胞腔中的物质被析出，使得细胞壁面更加光滑、干净，纹孔纹路清晰，而且不破坏木材的整体结构，提高了木材结构的通透性；与声学振动性能正相关的相对结晶度得到了提高，有利于木材声学振动性能的改善；从化学结构的分析也可以看出，抽提处理后化学结构未发生明显改变。

参 考 文 献

[1] 彭万喜, 朱同林, 郑真真, 等. 木材抽提物的研究现状与趋势[J]. 林业科技开发, 2004, 18(5): 7-9.

[2] 肖祥希, 陈正平, 林冠烽, 等. 油杉组分的提取及其化学组成分析[J]. 福建林业科技, 2018, 45(1): 25-29.

[3] Luxford R F. Effects of extractives on the strength of wood[J]. Journal of Agricultural Research, 1931, 42(5): 801-826.

[4] Matsunaga M, Minato K, Nakatsubo F. Vibrational property changes of spruce wood by impregnation with water-soluble extractives of pernambuco(*Guilandina echinata* Spreng.)[J]. Journal of Wood Science, 1999, 45(6): 470-474.

[5] 沈隽, 刘一星, 田站礼, 等. 云杉属木材密度与声振动特性参数之间关系的研究[J]. 华中农业大学学报, 2001, 20(2): 181-184.

[6] 沈隽. 云杉属木材构造特征与振动特性参数关系的研究[D]. 哈尔滨: 东北林业大学, 2001.

[7] 马丽娜. 木材构造与声振动性质的关系研究[D]. 合肥: 安徽农业大学 2005.

[8] 成俊卿. 泡桐属木材的性质和用途的研究[J]. 林业科学, 1983, 19(3): 153-157.

[9] 王金满, 刘一星. 抽提物对木材渗透性影响的研究[J]. 东北林业大学学报, 1991(3): 41-47.

[10] 刘镇波. 云杉木材共振板的振动特性与钢琴声学品质评价的研究[D]. 哈尔滨: 东北林业大学. 2007.

[11] 刘一星, 沈隽, 刘镇波, 等. 结晶度对云杉属木材声振动特性参数的影响[J]. 东北林业大学学报, 2001, 29(2): 4-6.

[12] Lian J, Zhang Y, Liu F, et al. Analysis of the ground vibration induced by high dam flood discharge using the cross wavelet transform method[J]. Journal of Renewable & Sustainable Energy, 2015, 7(4): 1783-1795.

[13] Yoshikawa S. Acoustical classification of woods for string instruments[J]. The Journal of the Acoustical Society of America, 2007, 122(1): 568.

[14] 刘镇波, 沈隽, 刘一星, 等. 实际尺寸乐器音板用云杉属木材的声学振动特性[J]. 林业科学, 2007, 43(8): 100-105.

[15] Li S, Liu Z, Liu Y, et al. Acoustic vibration properties of wood for musical instrument based on FFT of adding windows[C]. Singapore: International Conference on Mechanical & Electrical Technology. IEEE, 2010.

[16] 刘镇波, 刘一星, 苗媛媛, 等. 共振板振动特性与钢琴声学品质主观评价的关系[J]. 林业科学, 2009, 45(4): 100-106.

[17] 黄英来. 几种典型民族乐器木质共鸣体的声学振动性能检测与分析[D]. 哈尔滨: 东北林业大学, 2013.

[18] Ono T, Norimoto M. Study on Young's modulus and internal friction of wood in relation to the evaluation of wood for musical instruments[J]. Limnology & Oceanography, 1983, 22(4): 611-614.

[19] Sedik Y, Hamdan S, Jusoh I, et al. Acoustic properties of selected tropical wood species[J]. Journal of Nondestructive Evaluation, 2010, 29(1): 38-42.

[20] Byungjoo L. The decoupled acoustic string instrument: A new concept for an acoustic string instrument[J]. Leonardo Music Journal, 2014, 24(24): 61-63.

[21] Andersson S, Serimaa R, Paakkari T, et al. Crystallinity of wood and the size of cellulose crystallites in Norway spruce(*Picea abies*)[J]. Journal of Wood Science, 2003, 49(6): 531-537.

[22] 薛振华, 赵广杰. 不同处理方法对木材结晶性能的影响[J]. 西北林学院学报, 2007, 22(2): 169-171.

[23] 李贤军, 刘元, 高建民, 等. 高温热处理木材的 FTIR 和 XRD 分析[J]. 北京林业大学学报 (S1), 2009, 31(S1): 104-107.

[24] Moryganov A P, Zavadskii A E, Stokozenko V G. Special features of X-ray analysis of cellulose crystallinity and content in flax fibres[J]. Fibre Chemistry, 2018, 49(6): 382-387.

[25] Durmaz S, Özgenç Ö, Boyacı İ H, et al. Examination of the chemical changes in spruce wood degraded by brown-rot fungi using FT-IR and FT-Raman spectroscopy[J]. Vibrational Spectroscopy, 2016, 85: 202-207.

第4章 浸渍处理改良木材声学振动性能

浸渍改性是木材材性改良的一种重要方法，也常被用于工业化生产中，其是将改性药剂通过真空加压等手段浸入木材内部，形成物理填充或者与木材内部的活性点产生化学反应，从而改良木材抗吸湿特性、尺寸稳定性、阻燃性、疏水性、抗老化性以及硬度和抗压强度等物理、化学及力学特性。本研究主要着眼于浸渍处理对木材声学振动性能的改良效果。

4.1 糠醇浸渍处理

4.1.1 糠醇树脂改性概述

糠醇(furfuryl alcohol)又称呋喃甲醇[1]，是一种重要的有机化工原料，其工业化生产首先在 1948 年由美国 Quaker Oats 公司实现。糠醇是无色或淡黄色液体，微有芳香气味，暴露在日光和空气中会使颜色加深，可燃，分子量为 98.01，与水能混溶，除烷烃外能溶于大部分有机溶剂。在常温或加热并有催化剂存在的条件下，糠醇能自行缩聚为树脂，聚合反应为放热反应。缩聚时间越长，生成物中呋喃环的数目越多，其黏度也将越高，直至变成固体物。

糠醇是糠醛的重要衍生物，由糠醛气相或液相催化加氢制得，糠醛可由农作物废料，如玉米芯、甘蔗渣、棉籽壳、向日葵秆、麦壳和稻壳中戊糖裂解脱水制成。世界上糠醛产量的 2/3 用于生产糠醇，我国是世界上糠醛产量和贸易量最多的国家，年产量 10 余万吨，但用于生产糠醇的糠醛仅占其总量的 5%左右，80%的糠醛廉价出口。我国的糠醇主要是采用玉米芯为原料，玉米每年的产量约 1.1 亿吨，年产玉米芯 2000 万吨，10 吨玉米芯可产 1 吨糠醇，加上甘蔗渣、麦壳、稻壳和向日葵秆等资源，估计每年潜在糠醇产量为 400 万吨，生产利用潜力巨大[2]。

糠醇主要用于生产糠醛树脂、呋喃树脂、改性脲醛和酚醛树脂等，也是树脂、清漆、颜料的良好溶剂，还可以用于铸造生产中造型和制芯。在合成纤维、农药等领域也有广泛的用途。糠醇聚合后的树脂强度高，耐热性和耐水性都很好。对酸、碱、盐和有机溶液都有良好的抵抗力，是木材、橡胶、金属和陶瓷等多孔材料的优良黏结剂。20 世纪 50 年代，糠醇首次应用于木材改性，开辟了糠醇新的应用领域。

随着糠醇商业化生产的扩大，人们开始关注它的安全性，Lande 等[3]在 2004 年首次做了糠醇处理木材生态毒性研究，在实验室和野外试验中糠醇处理显示了高耐腐性，最终产物中未反应的糠醇浓度很低。不参与任何杀菌作用，没有增加浸出水的生态毒性。燃烧实验和普通木材相比，糠醇浸渍处理后没有释放挥发性有机化合物和多环芳烃。实验证明糠醇树脂改性木材耐久性的增加没有对环境造成危害。

木材经糠醇浸渍处理后能有效提高木材材质。2004 年 Epmeier[4]报道增重率(WPG)为 48%的改性樟子松在 90%的湿度下的平衡含水率为 8%，在 65%的相对湿度下边材的密度能增加 36%，抗湿胀率(ASE)能达到 40%~70%，用 92%的糠醇浸渍木材，布氏硬度增加 100%。改性后的木材弹性模量(MOE)没有明显增加。静曲强度(MOR)有所提高。2008 年 Lande 等[5]研究发现糠醇浸渍木材的增重率与尺寸稳定性呈正比关系，改性木材的 WPG 为 32%和 47%时，其 ASE 分别为 50%和 70%，而布氏硬度分别增加 20%、30%。2012 年何莉[5]使用以水和乙醇作为溶剂的糠醇溶液，分别对人工林杉木进行改性处理，结果表明：以乙醇作溶剂的糠醇溶液处理的杉木，增重率平均为 34%，尺寸稳定性以及抗弯弹性模量均优于以水为溶液的配方处理的杉木。2012 年李万菊等[6]采用糠醇树脂改性竹材，结果表明，改性后竹材尺寸稳定性显著提高，抗弯强度、弹性模量和顺纹抗压强度均有大幅度提高，但抗压弹性模量变化不明显。同年，蒲黄彪等[7]探究糠醇化对橡胶木性质的影响，结果表明，糠醇化可以显著降低橡胶木的平衡含水率和线性膨胀系数，改性后的弹性模量随着 WPG 的提高而增加，增幅约为 30%~40%，但弯曲强度下降。

糠醇改性木材抗生物侵蚀性表现优良，前人对此也做了大量研究，如 Hadi 等[8]通过实验和野外试验评价了糠醇树脂改性木材的抗白蚁性，实验显示糠醇树脂改性水平低的木材抗白蚁性较弱，中等和高等改性水平的木材能很好地抵抗干木白蚁和地下白蚁。

总之，糠醇浸渍处理是一种环境友好、成本合理、商业化前景广阔的改性技术。糠醇由糠醛催化加氢制得，糠醛可用玉米芯、棉籽壳、甘蔗渣等原料制备，属于可再生资源，生命周期评价测试显示，糠醇树脂改性木材在使用和废弃过程中对环境友好，对人畜几乎无毒害作用。国内外研究均表明糠醇浸渍处理能提高木材尺寸稳定性[9-13]，降低平衡含水率。本研究旨在利用糠醇树脂提高木材尺寸稳定性的基础上，探究其对泡桐木材声学振动性能的影响。

4.1.2 试验材料

选取规格为长度(L)×宽度(R)×厚度(T)=250mm×32mm×10mm 的泡桐(P. elongata)木材树种，共 45 块，试件无腐朽、节子、裂纹、虫蛀等缺陷，加工后置于温度为 20℃、相对湿度 65%的恒温恒湿调节箱中调湿一个月后，含水率为 12%。在室温条件下(温度 20℃，含水率 65%)精确测量长度、宽度、厚度。根据 GB/T

1933—2009《木材密度测定方法》测定其气干密度。

4.1.3　试验主要仪器设备及试剂

(1) 恒温恒湿箱(温度 20℃，含水率 65%)。

(2) 真空浸渍罐(压力为 0.1MPa，采用先真空 2h，再加压 6h，后真空 8h)。

(3) GZX-9140MB 电热鼓风干燥箱(60℃条件下缓慢干燥，赛多利斯科学仪器北京有限公司)。

(4) 双通道快速傅里叶变换频谱分析仪(CF-5220Z)。

(5) 分析天平(精度为 0.0001g)、游标卡尺、烧杯、金属网等。

(6) Quanta200 型扫描电子显微镜、日本 Rigaku 公司制造的 D/MAX-3B 型 X 射线衍射仪、美国 Nicolet 公司 6700 FTIR 傅里叶变换红外光谱仪。

(7) 糠醇，AR 98%，分子量 93.10；马来酸酐，分子量 98.06；硼砂，分子量 381.38；蒸馏水。

4.1.4　试验方法与步骤

1. 溶液配制

用质量分数为 1.5%的马来酸酐、2%的硼砂以及蒸馏水分别配制浓度为 25%、50%、75%的糠醇溶液。使用磁力搅拌器搅拌均匀，将配制好的溶液放置收纳盒内。通过真空浸渍罐采用全细胞浸渍法，对泡桐木材进行浸渍。取出试件后，用锡纸包裹，在 103℃下分别固化 8h、12h、15h。完成固化后，拆掉锡纸，将烘箱温度调至 60℃进行缓慢干燥，干燥至绝干。并将干燥好的试件置于温度为 20℃、相对湿度 65%的恒温恒湿调节箱中调湿一个月，与未处理前的素材保持一致。试验分组见表 4-1。

表 4-1　试验分组

组别	固化温度(℃)	固化时间(h)	溶液浓度(%)	pH 值
1	103	15	25	3.15
2	103	15	50	4.06
3	103	15	75	4.36
4	103	12	25	3.15
5	103	12	50	4.06
6	103	12	75	4.36
7	103	8	25	3.15
8	103	8	50	4.06
9	103	8	75	4.36

2. 木材声学振动性能测定

见 2.1.2 节中的测量方法。

3. 尺寸稳定性测定

参照 GB/T 1934.2—2009《木材湿胀性测定方法》，将对照组和不同处理组试材加工成长度(L)×宽度(R)×厚度(T)=20mm×20mm×10mm 的长方块，每种处理取 5 块，共 50 块。分别测量弦向湿胀率 a_T、径向湿胀率 a_R 和体积湿胀率 a_V。公式如下：

$$a_T = \frac{l_T - l_{TO}}{l_T} \times 100\% \tag{4-1}$$

式中：l_T——试件从全干至吸湿稳定后弦向长度(mm)；l_{TO}——试件全干时弦向长度(mm)。

$$a_R = \frac{l_R - l_{RO}}{l_R} \times 100\% \tag{4-2}$$

式中：l_R——试件从全干至吸湿稳定后径向长度(mm)；l_{RO}——试件全干时径向长度(mm)。

$$a_V = \frac{V_{max} - V_0}{V_0} \times 100\% \tag{4-3}$$

式中：V_{max}——试件从全干至吸湿稳定后体积(mm^3)；V_0——试件全干时的体积(mm^3)。

4. 扫描电镜(SEM)观察

方法同 3.1.2 节。

5. X 射线衍射(XRD)分析

方法同 3.1.2 节。

6. 傅里叶变换红外光谱(FTIR)分析

方法同 3.1.2 节。

4.1.5　糠醇浸渍处理对泡桐木材尺寸稳定性的影响

木材天生具有吸湿膨胀的特性，不利于木材的加工利用，尤其是制作乐器的音板，木材的吸湿性影响着音板的发音稳定性，因此，提高木材的尺寸稳定性，是乐器音板选材的重要条件。

糠醇浸渍改性后，分析其径向、弦向与体积湿胀率的变化，以及不同处理条件下尺寸湿胀率变化差异，结果如表 4-2、图 4-1 所示。

表 4-2　糠醇改性前后泡桐木材尺寸指标值

组别	径向湿胀率 a_R 平均值(%)	弦向湿胀率 a_T 平均值(%)	体积湿胀率 a_V 平均值(%)
空白组	0.50	4.40	6.70
1	0.20	3.60	6.10
2	0.10	2.50	4.20
3	0.14	2.10	3.70
4	0.10	3.70	5.90
5	0.15	2.70	4.10
6	0.09	2.30	3.60
7	0.30	3.20	5.80
8	0.20	2.90	3.90
9	0.12	2.50	3.50

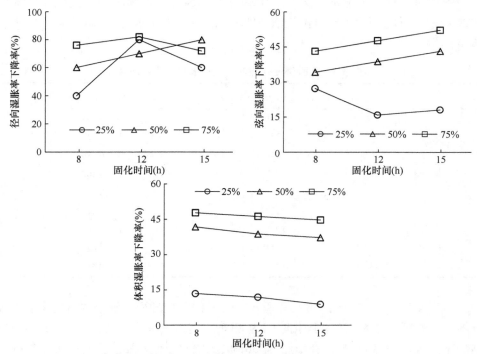

图 4-1　不同糠醇浸渍条件处理前后泡桐木材各个方向尺寸的变化率

从表 4-2、图 4-1 中可以看出，糠醇浸渍处理后，泡桐木材的弦向、径向和体积湿胀率均显著减小，即尺寸稳定性得到了明显的改善，而且糠醇改性液浓度越高，泡桐尺寸湿胀率在各个方向上的减小越显著,这与前人的结果一致[14];比较不同方向尺寸湿胀率的改善程度可以看出,径向湿胀率减小最为显著。对于体积湿胀率,随着固化时间的延长,体积湿胀的变化率基本保持不变;对于弦向湿胀率,当糠醇浓度为 50%、75%时,随着固化时间的延长,弦向尺寸的稳定性提高;对于径向湿胀率,当糠醇浓度为 25%、75%时,随着固化时间的延长,径向湿胀率的下降程度先增大后减小。糠醇树脂改性技术能够有效减少木材径向和弦向的湿胀率,主要原因是糠醇聚合物填充在木材细胞腔和细胞壁中,有效地减少水蒸气的渗透。Nordstierna 等[15]用核磁共振(^{1}H NMR)技术对糠醇低聚物和木质素模型进行研究,发现糠醇树脂在聚合过程中,与木材细胞壁成分发生化学键结合,固定了细胞壁结构,因此增强了木材的尺寸稳定性。

4.1.6 糠醇浸渍处理对泡桐木材声学振动性能的影响

1. 糠醇浸渍处理对泡桐木材密度的影响

密度对木材声学振动参数有一定的影响,因此分析糠醇浸渍处理前后木材的密度变化规律必不可少。糠醇浸渍处理后,泡桐木材的密度变化如表 4-3、图 4-2、图 4-3 所示。

表 4-3 糠醇浸渍处理前后泡桐木材密度平均值

组号	$\rho_{浸渍处理前}$ (g/cm³)	$\rho_{浸渍处理后}$ (g/cm³)
1	0.281	0.403
2	0.269	0.435
3	0.248	0.480
4	0.283	0.409
5	0.267	0.428
6	0.237	0.479
7	0.285	0.467
8	0.251	0.423
9	0.233	0.551

从表 4-3、图 4-2、图 4-3 可以看出,糠醇浸渍处理后,泡桐木材的密度大幅度增加,糠醇浓度为 75%、固化时间为 8h 时,泡桐密度为 0.551g/cm³,此时密度增加率最大,为 136.5%;在浓度为 50%时,固化时间对密度变化率的影响并不大,而在浓度为 25%时,密度变化率随固化时间的增加小幅度减小,在 75%的浓度时,随着固化时间的增加,密度变化率呈现减少的趋势。糠醇树脂改性是一个复杂化学变化过程[16],糠醇改性液通过加压浸渍的方式进入木材内部,一部分进

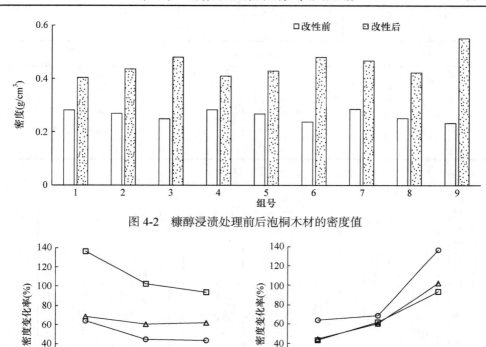

图 4-2　糠醇浸渍处理前后泡桐木材的密度值

图 4-3　不同糠醇浸渍条件处理前后泡桐木材密度的变化率

入细胞腔内起着物理填充作用，一部分则与木材成分发生化学反应，从而增加木材的增重率，进而导致密度发生变化。糠醇树脂浓度不同，浸渍后固化时间不同，其挥发出去的量以及留在木材内部的量，且与木材发生反应的程度均有所不同，这也就解释了密度变化率随浓度、固化时间等因素的变化规律。

2. 糠醇浸渍处理对泡桐木材比动弹性模量的影响

经糠醇浸渍处理后，泡桐木材的比动弹性模量值(E/ρ)及其变化规律如表 4-4、图 4-4、图 4-5 所示。

表 4-4　糠醇浸渍处理前后泡桐木材 E/ρ 平均值

组号	$E/\rho_{浸渍处理前}$ (GPa)	$E/\rho_{浸渍处理后}$ (GPa)
1	23.00	14.91
2	24.02	13.61
3	24.82	11.64
4	23.55	15.05

续表

组号	$E/\rho_{浸渍处理前}$ (GPa)	$E/\rho_{浸渍处理后}$ (GPa)
5	24.56	13.77
6	20.57	10.07
7	23.17	14.51
8	22.34	13.07
9	22.07	9.131

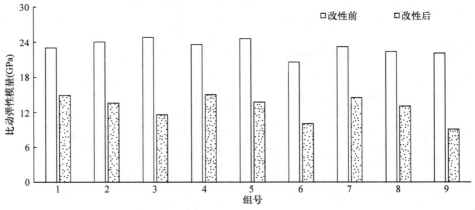

图 4-4　糠醇浸渍处理前后泡桐木材的 E/ρ 值

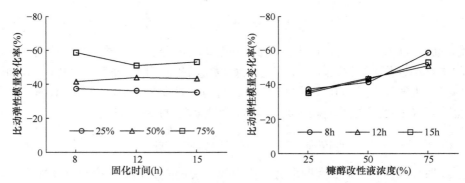

图 4-5　不同糠醇浸渍条件处理前后泡桐木材 E/ρ 的变化率

　　从表 4-4、图 4-4、图 4-5 可以看出，糠醇改性后泡桐木材的比动弹性模量值大幅度减小。在固化时间一定时，随着糠醇改性液浓度的增加，泡桐比动弹性模量值减小率增大。随着固化时间的延长，不同浓度糠醇改性后，泡桐木材比动弹性模量减小率变化相对较小。这说明，不同浓度的糠醇改性液在不同的固化时间下，反应程度不同，对泡桐木材细胞造成的影响不同，从而使得与声学振动性能相关的指标变化规律不同。在浓度为 75%、固化时间 8h 时，比动弹性模量值为

9.131GPa，此时比动弹性模量值减小最多，为 58.6%。比动弹性模量值越大，振动加速度越大，振动效率越高。因此这一结果对泡桐木材声学改性起负面影响，不利于提高泡桐木材音板的振动效率。

3. 糠醇浸渍处理对泡桐木材声辐射品质常数的影响

经糠醇浸渍处理后，泡桐木材的声辐射品质常数(R)及其变化规律如表 4-5、图 4-6、图 4-7 所示。

表 4-5　糠醇浸渍处理前后泡桐木材 R 平均值

组号	$R_{浸渍处理前}$ [m⁴/(kg·s)]	$R_{浸渍处理后}$ [m⁴/(kg·s)]
1	17.046	9.557
2	18.549	8.465
3	20.195	7.104
4	17.350	9.515
5	18.740	8.724
6	19.091	6.680
7	17.114	8.113
8	18.844	8.535
9	20.258	5.536

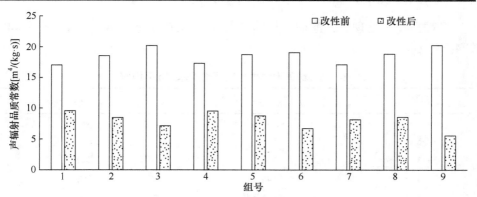

图 4-6　糠醇浸渍处理前后泡桐木材的 R 值

声辐射品质常数 R 也是评价木材声学振动性能的重要指标。声辐射品质常数越大，说明用于声能辐射的能量越大，能量的转换率越高。从表 4-5 和图 4-6、图 4-7 可以看出，糠醇树脂浸渍处理后，泡桐木材声辐射品质常数也发生大幅度减小，且浓度越高，变化率越大。浓度为 75%、固化时间为 8h 时，声辐射品质常数为 5.536m⁴/(kg·s)，减小了 72.7%。浓度为 25%、固化时间为 15h 时，声辐射品质常数为 9.557m⁴/(kg·s)，减小了 43.9%。这一结果对声学改性亦产生负面影

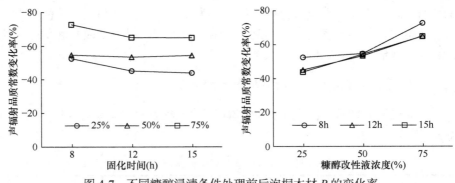

图 4-7　不同糠醇浸渍条件处理前后泡桐木材 R 的变化率

响。对比比动弹性模量和声辐射品质常数的变化趋势，可以发现这两类参数变化结果相似。引起这两类参数变化的因素是相同的，主要是因为随着糠醇改性液浓度的增加，WPG 增加，同时木材的密度也增加，导致与密度相关的参数值降低，使入射的能量转换为声能的程度和声压降低。这可能是因为糠醇分子小，进入细胞腔以及细胞壁，或跟木质素发生一定的反应[17]，使得木材密度增大。且糠醇溶液一般呈酸性，高温固化时使木材中的纤维素、半纤维素发生了部分降解，使细胞壁的动弹性模量减小。并且糠醇浓度越高，减小幅度越大。

4. 糠醇浸渍处理对泡桐木材声阻抗的影响

经糠醇浸渍处理后，泡桐木材的声阻抗(ω)及其变化规律如表 4-6、图 4-8、图 4-9 所示。

表 4-6　糠醇浸渍处理前后泡桐木材 ω 平均值

组号	$\omega_{浸渍处理前}$ (Pa·s/m)	$\omega_{浸渍处理后}$ (Pa·s/m)
1	4.780	3.848
2	4.886	3.671
3	4.946	3.404
4	4.845	3.862
5	4.951	3.709
6	4.508	3.156
7	4.794	3.784
8	4.710	3.604
9	4.674	3.006

声阻抗主要与振动的时间响应特性有关，较小时会提高响应速度。从表 4-6 中可以看出，糠醇浸渍处理后，泡桐木材声阻抗大幅度减小，减小范围为 19%～

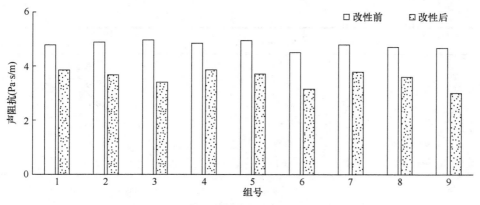

图 4-8　糠醇浸渍处理前后泡桐木材的 ω 值

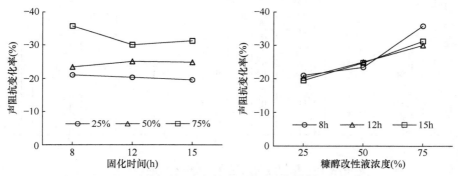

图 4-9　不同糠醇浸渍条件处理前后泡桐木材 ω 的变化率

36%(图 4-8 和图 4-9)。当固化时间一定时，随着糠醇改性液浓度的增加，泡桐木材声阻抗减小率越大；而糠醇改性液浓度保持不变时，固化时间对声阻抗变化率的影响差异相对较小。在浓度为 75%、固化时间为 8h 时，声阻抗为 3.006Pa·s/m，此时变化率最大，为 35.7%。这说明糠醇改性能提高泡桐木材响应速度，且改性液浓度为 75%、固化时间为 8h 时，声阻抗的改善最明显。

5. 糠醇浸渍处理对泡桐木材 E/G 值的影响

经糠醇浸渍处理后，泡桐木材的 E/G 值及其变化规律如表 4-7、图 4-10、图 4-11 所示。

表 4-7　糠醇浸渍处理前后泡桐木材 E/G 平均值

组号	$E/G_{浸渍处理前}$	$E/G_{浸渍处理后}$
1	14.87	11.35
2	20.24	15.86
3	17.23	12.33

续表

组号	$E/G_{浸渍处理前}$	$E/G_{浸渍处理后}$
4	14.81	14.09
5	15.01	13.49
6	12.39	10.93
7	12.91	17.91
8	12.88	11.40
9	15.2	12.85

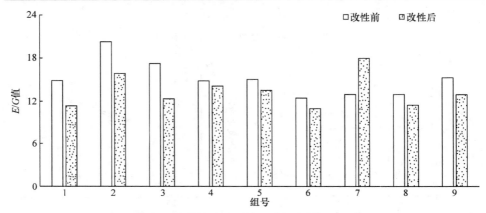

图 4-10　糠醇浸渍处理前后泡桐木材的 E/G 值

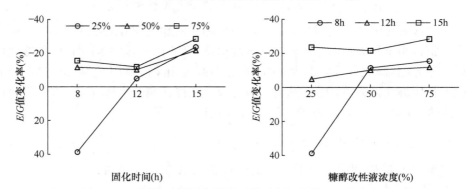

图 4-11　不同糠醇浸渍条件处理前后泡桐木材 E/G 的变化率

　　动弹性模量 E 与动刚性模量 G 之比(E/G)可以表达频谱特性曲线的"包络线"特性，即音板的乐音频率是否分布均匀连续，以及是否有敏锐的时间响应特性。E/G 值大时，说明频谱在整个频域分布内十分均匀，能够把振动的能量均匀增强并辐射出去，音色较好。对比糠醇改性前后 E/G 值(表 4-7)，发现 1、2、3、4、5、

6、8、9 组的试件 E/G 值均减小，只有第 7 组即在糠醇改性液浓度 25%、固化时间为 8h 时，E/G 值增加，增加了 38.7%，此时 E/G 值是 17.91。且固化时间为 8h 和 12h 时，糠醇树脂改性后的泡桐木材 E/G 值随着改性液浓度的增加变化率增大。在固化时间 15h 时，则呈先减小后增加的趋势。这说明，糠醇改性液浓度为 25%、固化时间为 8h 时，能够明显提高泡桐木材的音色品质。这一结果对泡桐声学改性起正面积极的影响。

6. 糠醇浸渍处理对泡桐木材振动对数衰减系数的影响

经糠醇浸渍处理后，泡桐木材的振动对数衰减系数及其变化规律如表 4-8、图 4-12、图 4-13 所示。

表 4-8　糠醇浸渍处理前后泡桐木材 δ 平均值

组号	$\delta_{浸渍处理前}$	$\delta_{浸渍处理后}$
1	0.026	0.059
2	0.028	0.062
3	0.026	0.052
4	0.024	0.056
5	0.024	0.059
6	0.026	0.056
7	0.024	0.053
8	0.027	0.054
9	0.024	0.056

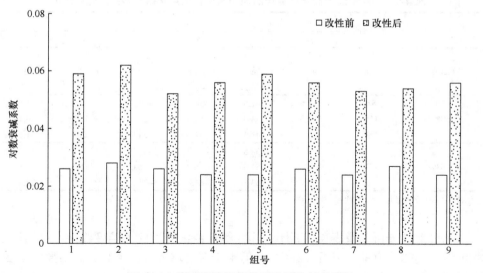

图 4-12　糠醇浸渍处理前后泡桐木材的 δ 值

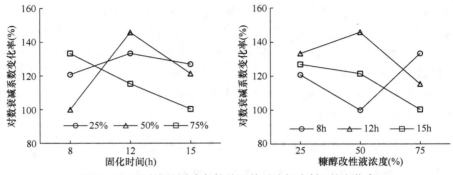

图 4-13　不同糠醇浸渍条件处理前后泡桐木材 δ 的变化率

从表 4-8 及图 4-12、图 4-13 可以看出，糠醇改性使得振动信号传播时的内摩擦损耗显著增大，当浓度为 25%、50% 时，泡桐木材振动对数衰减系数的变化率随着固化时间的增加先增大后减小；而浓度为 75% 时，随着固化时间的增加，泡桐木材对数衰减系数的变化率则呈减小的趋势。当浓度为 50%、固化时间为 8h，以及浓度为 75%、固化时间为 15h 时，振动对数衰减系数增大相对较小。但从总体上看，通过糠醇浸渍改性后，振动能量因内摩擦而消耗的比重都显著增大了。

7. 综合分析

通过对糠醇浸渍改性处理对各项声学振动性能指标影响的分析，综合分析结果如表 4-9 所示。

表 4-9　不同糠醇浸渍条件处理后泡桐木材各项声学振动参数变化率(%)

改性液浓度	固化时间	变化率(%)					
		ρ	E/ρ	R	ω	δ	E/G
25%	8h	+63.9	−37.4	−52.6	−21.1	+120.8	+38.7
	12h	+44.5	−36.1	−45.2	−20.3	+133.3	−4.9
	15h	+43.4	−35.2	−43.9	−19.5	+126.9	−23.7
50%	8h	+68.5	−41.5	−54.7	−23.5	+100.0	−11.5
	12h	+60.3	−43.9	−53.4	−25.1	+145.8	−10.1
	15h	+61.7	−43.3	−54.4	−24.9	+121.4	−21.6
75%	8h	+136.5	−58.6	−72.7	−35.7	+133.3	−15.5
	12h	+102.1	−51.0	−65.0	−30.0	+115.4	−11.8
	15h	+93.5	−53.1	−64.8	−31.2	+100.0	−28.4

注："+" 代表增加，"−" 代表减小。

综合上文分析以及表 4-9，得出结论：糠醇浸渍处理能大幅度改善木材的尺寸稳定性、动弹性模量、声阻抗 ω 指标，但由于密度增大程度更高，比动弹性模量、声辐射品质常数指标大幅度下降，由于将糠醇树脂浸渍到木材内部，木材的通透性下降，使得振动对数衰减系数显著提升。综合考虑较佳的处理工艺为浓度为25%，固化温度为 8h。此工艺条件下，泡桐木材各项声学振动参数变化情况如下：比动弹性模量 E/ρ、声辐射品质常数 R 两项参数值，分别降低了 37.4%、52.6%，尺寸稳定性显著提升，使得发音效果稳定性得到提高，声阻抗 ω 降低了 21.1%，振动对数衰减系数提高了 120.8%，E/G 值提高了 38.7%。总体来说，木材经糠醇树脂改良后，用于乐器共鸣板材料并不是太理想，但由于尺寸稳定性、动弹性模量、密度得到提高，可以用于乐器的非共振部件。

4.1.7　表征分析

本研究采用木材微观结构观察、X 射线衍射分析及红外光谱分析等手段对糠醇浸渍改性机理进行分析。

1. 糠醇浸渍处理对泡桐木材微观形态的影响

利用扫描电镜观察泡桐素材及经糠醇浸渍处理的试材的微观结构，结果如图 4-14 所示。

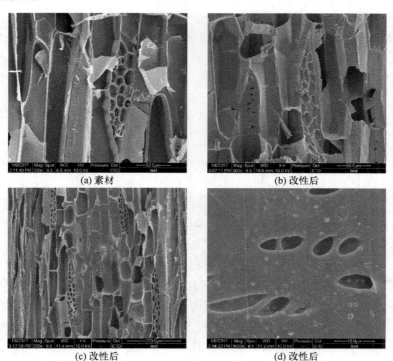

(a) 素材　　　　　　　　　　(b) 改性后

(c) 改性后　　　　　　　　　　(d) 改性后

图 4-14　糠醇浸渍处理前后泡桐木材的细胞微观图

观察图 4-14 可以发现，糠醇改性剂主要是渗透到木材细胞腔和细胞间隙中，说明糠醇改性剂浸渍到木材内部。从图中可以清晰看出，改性后的泡桐木材射线细胞大部分被改性剂堵塞，且填充于木材内部。正是由于木材改性剂在木材内部的聚合，这种填充作用降低了木材的吸湿及吸胀性能，并由于木材改性剂在干燥后呈黏稠状，填充于木材内部结构中，并与木材内部基团发生交联反应，进而增强了木材的尺寸稳定性。

糠醇树脂在细胞壁的充胀作用以及细胞腔的填充作用，降低了多孔性材料木材对冲击能的缓冲效果，也可以推测认为糠醇改性材的冲击韧性应该会有较大的下降，前人的研究也已验证[7]。再者，糠醇分子在细胞壁内固化形成树脂，对细胞壁基质可能存在强化作用，使得动弹性模量增加，但其增加的程度要小于密度，造成比动弹性模量和声辐射品质常数降低。

2. 糠醇浸渍处理对泡桐木材结晶度的影响

木材是高分子聚合物，其使用性能受高聚物聚集态结构影响很大，高聚物聚集态超分子结构一般是通过纤维素结晶度参数来描述的。通常随着纤维素结晶度的增加，纤维素动弹性模量、密度、尺寸稳定性、抗拉强度、硬度等增加，而吸湿性、润胀性、柔韧性及化学反应减少[18,19]。

糠醇树脂改性泡桐木材后，对其结晶度有重要影响，如图4-15和图4-16所示。

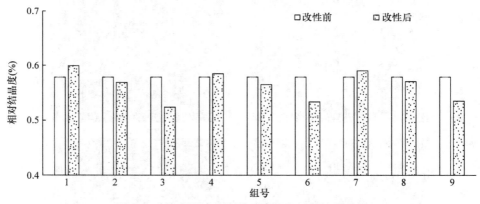

图 4-15　糠醇浸渍处理前后泡桐木材的结晶度值

从图4-15中可以看出，泡桐木材素材的结晶度为57.9%。经过糠醇树脂改性后，泡桐木材1、4、7号试材，即浓度为25%的糠醇改性材结晶度增加，分别为59.9%、58.5%和59%。2、3、5、6、8、9号试材，即糠醇改性液浓度为50%和75%时，泡桐木材结晶度均减小。结合图4-16发现，在同一固化时间下，糠醇改性液浓度越高，泡桐木材结晶度增加率越小。而在同一浓度条件下，随着固化时间的不同，结晶度变化率不一致。在糠醇改性液浓度为25%和50%时，泡桐木材结晶度的变化率随固化时间呈先减小后增加的趋势。在浓度为75%时，则相反。

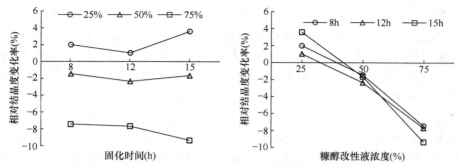

图 4-16　不同糠醇浸渍条件处理前后泡桐木材结晶度的变化率

　　糠醇树脂改性剂是一种无定形物质，在干燥固化过程中，低浓度的糠醇树脂改性剂不仅在木材的无定形区内自身发生了交联反应，而且与木材其他组分也发生了化学反应，产生一定的结晶化结构，这种结晶区域的"润胀"就会导致相对结晶度增加。随着糠醇树脂改性液浓度增加，改性液的酸性就会增加，这种酸性可能会导致部分纤维素发生酸解，使得纤维素的构造遭到破坏，聚合度下降，从而导致结晶度降低。且浓度越高，这种破坏程度越大，结晶度减小率就越大。

　　适当增加木材相对结晶度，有利于提升其声振动效率和改善其音色。整体试验结果表明，糠醇树脂改性液浓度为 25%、固化时间为 8h 时，改性后的泡桐木材声学振动特性较好。

3. 糠醇浸渍处理对泡桐木材红外光谱图的影响

　　通过 FTIR 观察因糠醇浸渍处理导致的木材内部官能团变化情况，从而判断木材发生的化学反应，FTIR 谱图如图 4-17 所示。

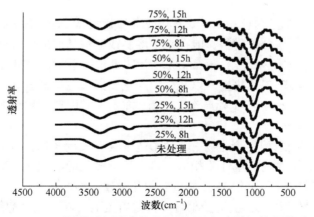

图 4-17　不同糠醇浸渍条件处理前后泡桐木材红外光谱图

　　从图 4-17 中可看出，经不同浸渍工艺处理后的泡桐木材的红外图谱，与其未处理材的红外图谱相比，总体变化不大，仅在 3400cm^{-1}、1227cm^{-1}、1059cm^{-1} 以及 1030cm^{-1} 附近的特征峰吸收强度出现了一些细微变化。通过表 3-8 可知，3400cm^{-1} 的吸收峰与羟基—OH 的伸缩振动有关，随着糠醇树脂改性液浓度的增加，此吸收峰的强度有一定程度的降低，原因可能是糠醇属于小分子物质，较容易进入木材细胞内，一方面自身能够发生交联作用填充纤维素非结晶区，减少游离羟基发生化学反应，另一方面能与游离羟基发生反应，使得游离羟基的含量有所减少，浓度越高，这种反应越剧烈。使木材尺寸稳定性有所增强，进而有利于提高试材的发音效果稳定性。1736cm^{-1} 附近的吸收峰与羧基上羰基(C=O)的伸缩振动有关，这是半纤维素的特征吸收峰，随着糠醇树脂改性液浓度和固化时间的增加，该吸收峰的吸收有所减弱，表明木材中 C=O 的含量有所减少。可能是半纤维素中的多聚糖分子链上的乙酰水解断裂生成乙酸，使得 C=O 的数量减少，木材的吸湿性也随之有所降低，尺寸稳定性有所增强。木材糠醇树脂改性是一个复杂的化学反应过程。在加热和催化剂存在的条件下，糠醇低聚体发生线性、体型聚合直至形成固体物质，伴随着糠醇单体或聚合物与木材细胞壁高分子(纤维素、半纤维素、木质素)之间的反应，最终形成一个多分支、高度交联的糠醇聚合物和木材细胞壁化学组分的嫁接产物。因此 1269cm^{-1} 附近木质素的苯环氧键伸缩振动，以及 1030cm^{-1} 附近纤维素、半纤维素和木质素的 C—O 伸缩振动发生细微的变化。

4.2　聚乙烯醇浸渍处理

4.2.1　聚乙烯醇概述

聚乙烯醇(PVA)呈白色粉末状、絮状或者片状固体，是一种无毒、无腐蚀性且环境友好的亲水性高分子材料，能在水中溶胀或溶解从而成为分散液或溶液[20]。PVA 是由德国化学家 W. C. Hermann 和 W. Heahnei 博士在 1924 年首次发现。自 20 世纪 50 年代实现工业化生产以来，生产主要集中在中国、日本、美国等少数几个国家和地区，2020 年实际产量 135 万 t 左右，其中亚太地区产量占世界总产量的 85%以上。

PVA 是典型的水溶性聚合物，其分子链中含有大量羟基，PVA 分子中的羟基和部分低分子有机物的羟基性质相似，具有长链多元醇的醚化、酯化、缩醛化等化学反应性，其中缩醛化是 PVA 最重要的化学反应性质。

PVA 的溶解性很大程度上受聚合度和醇解度的影响：完全醇解型 PVA 中乙酸根含量少而结晶度高，由于高分子链间强烈的相互作用，其水溶性较差，如醇解在 99%以上的 PVA 仅溶解在 90～95℃的热水中，随醇解度的降低，PVA 的溶解性增大；醇解度为 87%～89%的 PVA 在热水和冷水中都能快速溶解且表现出最大的溶解度；随着醇解度的进一步降低，聚合物分子中亲水基团的比例下降，PVA 的溶解性也变差，如醇解度在 50%以下的 PVA 不溶于水，除了水，PVA 也溶于乙醇胺、丙酮、苯、甲苯、二氯乙烷、四氯乙烷、乙二醇、乙酸乙酯、汽油、植物油等有机溶剂。

由于 PVA 分子是严格的线型结构，并且含有大量的—OH 和—H，它们之间通过氢键发生交联后能够形成大分子网络结构，因此，PVC 材料具有一定的机械强度和稳定的化学性质。此外，PVA 因有良好的成膜性、黏结性及生物亲和性等优点，在黏合剂、膜材料、凝胶材料、纤维材料和生物医学材料等领域具有广泛的应用。正是由于 PVA 具有性能和品种的多样性，从而成为材料研究领域的一个热点。

在过去的研究中，许多学者试图根据聚乙烯醇的性能对其进行改性，并与其他材料复合制备性能更好的新型功能材料，以提高聚乙烯醇的附加值[21]。也有许多研究者将聚乙烯醇应用到造纸工业中，以提高纸张的平滑性、疏水性、印刷适应性以及通气性等。但是极少有学者将聚乙烯醇直接应用到木材中，对木材进行改性，尤其是声学改性。Islam 等[22]曾尝试分别用浓度为 25%、50%、75%的聚乙烯醇溶液浸渍南洋热带木材，并对浸渍后的木塑复合材的动弹性模量、尺寸稳定性以及吸湿性等进行测量和评估，结果表明：75%的 PVA 处理的 WPC 木材动弹性模量和尺寸稳定性都得到提高，吸湿性降低。本研究旨在在此基础上，采用不同浓度的聚乙烯醇浸渍泡桐木材，并对其声学振动指标进行测量与评估，以探究其是否能有效改善泡桐木材的声学品质。

4.2.2　试验材料

选取规格为长度 (*L*)×宽度 (*R*)×厚度 (*T*)=250mm×32mm×10mm 的泡桐 (*P. elongata*)木材树种，共 45 块，试件无腐朽、节子、裂纹、虫蛀等缺陷，加工后置于温度为 20℃、相对湿度 65%的恒温恒湿调节箱中调湿一个月后，含水率为 12%。在上述温度、湿度条件下，精确测量长度、宽度、厚度。根据 GB/T 1933—2009《木材密度测定方法》测定其气干密度。

4.2.3　试验主要仪器设备

试验主要仪器同 4.1.3 节。

药品为聚乙烯醇，醇解度 86.5%～89.0%，黏度 46～54mPa·s。

4.2.4　试验方法与步骤

1. 溶液配制

用醇解度为 86.5%～89.0%的聚乙烯醇以及蒸馏水分别配制浓度为 25%、

50%、75%的聚乙烯醇改性溶液。通过真空浸渍罐采用全细胞浸渍法，对泡桐木材进行浸渍。取出试件后，用锡纸包裹，在 103℃下分别固化 8h、12h、15h。完成固化后，拆掉锡纸，将烘箱温度调至 60℃进行缓慢干燥，干燥至绝干。并将干燥好的试件置于温度为 20℃、相对湿度 65%的恒温恒湿调节箱中调湿一个月，与未处理前的素材保持一致。试验分组见表 4-10。

表 4-10　试验分组

组别	固化温度(℃)	固化时间(h)	溶液浓度(%)
1	103	15	25
2	103	15	50
3	103	15	75
4	103	12	25
5	103	12	50
6	103	12	75
7	103	8	25
8	103	8	50
9	103	8	75

2. 木材声学性质测定

方法同 2.1.2 节。

3. 尺寸稳定性测定

方法同 4.1.4 节。

4. 扫描电镜(SEM)观察

方法同 3.1.2 节。

5. X 射线衍射(XRD)分析

方法同 3.1.2 节。

6. 傅里叶变换红外光谱(FTIR)分析

方法同 3.1.2 节。

4.2.5　聚乙烯醇浸渍处理对泡桐木材尺寸稳定性的影响

聚乙烯醇浸渍改性后，分析其径向、弦向与体积湿胀率的变化，以及不同处理条件下尺寸湿胀率变化差异，结果如表 4-11、图 4-18 所示。

表 4-11　聚乙烯醇浸渍前后泡桐木材尺寸指标值

组别	径向湿胀率 a_R 平均值(%)	弦向湿胀率 a_T 平均值(%)	体积湿胀率 a_V 平均值(%)
空白组	0.50	4.40	6.70
1	0.38	4.00	6.59
2	0.39	3.92	6.30
3	0.34	3.56	6.27
4	0.37	4.26	5.76
5	0.34	3.92	5.53
6	0.29	3.26	5.08
7	0.35	4.14	6.38
8	0.33	3.56	6.34
9	0.30	3.36	6.02

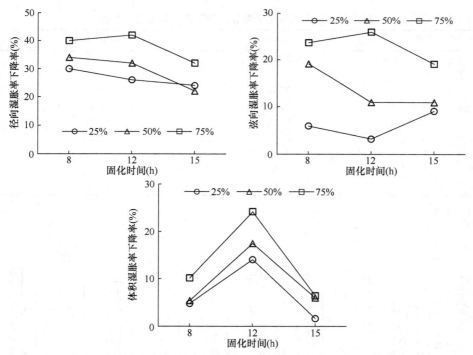

图 4-18　不同聚乙烯醇浸渍条件处理前后泡桐木材各个方向尺寸的变化率

从表 4-11 和图 4-18 中可以看出，聚乙烯醇改性后的泡桐木材径向、弦向、体积湿胀率均减小，随着改性液浓度的增加，径向、弦向、体积湿胀率下降程度基本呈现增大趋势，即尺寸稳定性得到改善，其中径向湿胀率的下降率最大，即尺寸稳定性改善程度最好。对于体积的吸湿膨胀,随着固化时间的延长,湿胀率的下降程度呈现先上升后下降的规律,而径向、弦向的吸湿膨胀率变化规律则与体积吸湿膨胀率的变化情况不同。从总体上看,聚乙烯醇能够有效提高泡桐木材尺寸稳定性,且径向最为明显。聚乙烯醇属于严格的线性分子,它拥有大量的—OH和—H,一部分通过氢键交联形成大分子网络结构,填充在木材微纤丝间隙,使木材充胀;一部分与木材中游离的—OH 发生反应,减少羟基数量,从而达到减小木材吸湿性、提高尺寸稳定性的目的。

4.2.6　聚乙烯醇浸渍处理对泡桐木材声学振动性能的影响

1. 聚乙烯醇浸渍处理对泡桐木材密度的影响

化学改性最直接影响的是木材密度,而密度与木材材性、力学性能等各项指标都有一定的关系,因此在对木材进行化学改性处理后,应对其密度变化进行分析与讨论,结果如表 4-12、图 4-19、图 4-20 所示。

表 4-12　聚乙烯醇浸渍处理前后泡桐木材密度平均值

组号	$\rho_{浸渍处理前}$ (g/cm³)	$\rho_{浸渍处理后}$ (g/cm³)
1	0.237	0.239
2	0.250	0.253
3	0.243	0.251
4	0.261	0.263
5	0.235	0.242
6	0.245	0.255
7	0.248	0.249
8	0.250	0.273
9	0.245	0.255

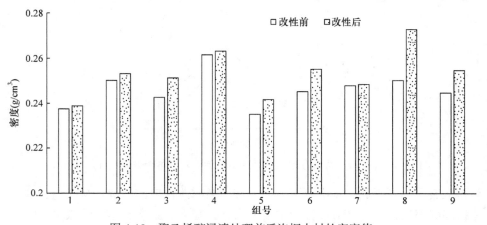

图 4-19　聚乙烯醇浸渍处理前后泡桐木材的密度值

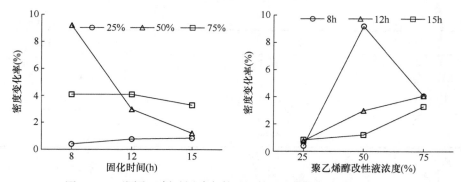

图 4-20　不同聚乙烯醇浸渍条件处理前后泡桐木材密度的变化率

从表 4-12、图 4-19、图 4-20 可以看出，聚乙烯醇改性后，泡桐木材密度均增加，且随着聚乙烯醇改性液浓度不同，以及固化时间的不同，密度变化率不同。聚乙烯醇改性液浓度低(25%)时，随着固化时间的延长，密度变化率呈现逐步缓慢增加的趋势，这说明在聚乙烯醇改性液浓度较低时，固化时间越长，停留在泡桐木材内部的液体越多，越稳定；而在浓度(50%、75%)较高时，随着固化时间的延长，密度增加的比例呈下降的趋势，这可能是因为在较高浓度时，聚乙烯醇改性液在短时间内就能较快且较大程度停留到泡桐木材内部，随着固化时间的增加，改性液进入木材内部的数量逐渐减少，因而密度增加率逐渐减小。而对于同一固化时间，当固化时间较长(12h、15h)时，随着聚乙烯醇改性液浓度的增加，密度的增加率呈现增长的趋势，但固化时间为 8h 时，随着改性液浓度的增加，密度增加率呈现先增大后减小的趋势。总之，当聚乙烯醇改性液浓度为 50%、固化时间为 8h 时，密度为 0.273g/cm³，此时密度增加率最大，为 9.20%。而当聚乙烯醇改性液浓度为 25%、固化时间为 8h 时，密度为 0.249g/cm³，此时密度增加率最小，为 0.40%。密度这一指标的变化，将直接影响与其相关的比动弹性模量、声辐射品质常数、声阻抗等指标的变化。

2. 聚乙烯醇浸渍处理对泡桐木材比动弹性模量的影响

对改性后泡桐木材比动弹性模量的变化情况进行分析，结果如表 4-13、图 4-21、图 4-22 所示。

表 4-13　聚乙烯醇浸渍处理前后泡桐木材 E/ρ 平均值

组号	$E/\rho_{浸渍处理前}$ (GPa)	$E/\rho_{浸渍处理前}$ (GPa)
1	23.95	23.18
2	23.58	22.84
3	19.03	18.50
4	21.91	21.54

组号	$E/\rho_{浸渍处理前}$ (GPa)	$E/\rho_{浸渍处理前}$(GPa)
5	24.47	23.25
6	21.85	20.92
7	21.81	21.40
8	22.28	20.84
9	22.96	21.32

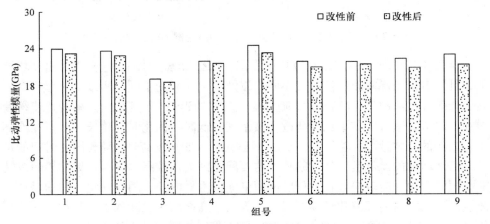

图 4-21　聚乙烯醇浸渍处理前后泡桐木材的 E/ρ 值

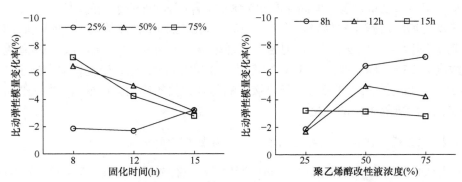

图 4-22　不同聚乙烯醇浸渍条件处理前后泡桐木材 E/ρ 的变化率

从表 4-13、图 4-21、图 4-22 可以看出，聚乙烯醇改性液浸渍后，泡桐木材比动弹性模量均呈现小幅度的减小，减小幅度为 1.7%～7.1%，当浓度为 25%、固化时间为 12h 时，泡桐木材比动弹性模量为 21.54GPa，与素材相比减小了 1.7%；当浓度为 75%、固化时间 8h 时，泡桐木材比动弹性模量为 21.32GPa，与素材相比减小了 7.1%。改性液浓度较低(25%)时，固化时间 8～12h 时，比动弹性模量下降的程度基本一致，固化时间进一步延长时，比动弹性模量下降程度提高；而当浓度较高(50%、75%)时，随着固化时间的增加，泡桐木材比动弹性模量减小率逐步降低，这与密度变化率基本吻合。比动弹性模量的代表式为 E/ρ，它与动弹性模量 E 和密度 ρ 有直接的关系。聚乙烯醇改性液很难进到纤维素结构中的结晶区，只能在非结晶区发生作用，而在运动单元传递动能时，结晶区比非结晶区大，这就意味着聚乙烯醇只能微弱提高动弹性模量。但改性后泡桐木材密度增加，因此比动弹性模量减小，且与密度变化规律基本一致。

另外，比动弹性模量(E/ρ)是判别振动加速度大小的参数，其值越大，振动加速度越大，振动效率越高。聚乙烯醇改性后，比动弹性模量小幅度减小，说明这一改性方法小幅度减小泡桐木材的振动效率，这对改善泡桐声学振动品质来说，产生较小的负面影响。

3. 聚乙烯醇浸渍处理对泡桐木材声辐射品质常数的影响

声辐射品质常数 $R=\sqrt{E/\rho^3}$，亦与木材的动弹性模量以及密度密切相关，一般动弹性模量大，且密度较小的木材 R 值越大，越适合制作乐器。这是因为声辐射品质常数 R 越大，用于声能辐射的能量越大，能量的转换率越高。对改性后泡桐木材声辐射品质常数的变化情况进行分析，结果如表 4-14、图 4-23、图 4-24 所示。

表 4-14　聚乙烯醇浸渍处理前后泡桐木材 R 平均值

组号	$R_{浸渍处理前}[\text{m}^4/(\text{kg}\cdot\text{s})]$	$R_{浸渍处理后}[\text{m}^4/(\text{kg}\cdot\text{s})]$
1	20.67	20.21
2	19.43	18.87
3	18.00	17.13
4	17.90	17.71
5	21.14	20.07
6	19.14	17.98
7	18.87	18.65
8	18.90	16.75
9	19.65	18.20

从表 4-14、图 4-23、图 4-24 可以看出，聚乙烯醇浸渍处理后，泡桐木材的声辐射品质常数 R 也发生小幅度的减小。聚乙烯醇浸渍改性后泡桐木材的声辐射品质常数变化率与比动弹性模量变化率一致，减小率在 1.1%～11.4%范围。在低浓度时，减小幅度最小，为 1.1%～2.3%，在中高浓度时，声辐射品质常数 R 减小率

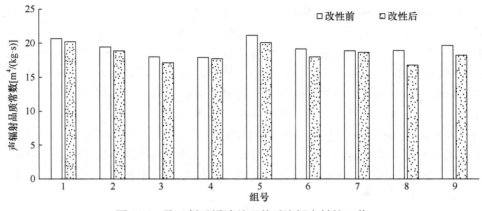

图 4-23　聚乙烯醇浸渍处理前后泡桐木材的 R 值

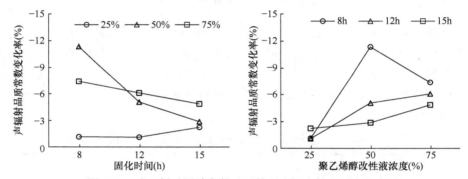

图 4-24　聚乙烯醇浸渍条件处理前后泡桐木材 R 的变化率

增大，为 2.9%～11.4%。当改性液浓度为 25% 时，随着固化时间的增加，声辐射品质常数减小率有小幅度增加；而浓度为 50% 和 75% 时，变化结果相反。这一改性结果对声学振动性能的提高产生一定的负面影响。出现这一结果与改性后泡桐木材密度的增加有很大的关系。聚乙烯醇是高分子聚合物，很难进入木材细胞壁，大多数进入木材细胞腔，充当细胞填充物，从而增加木材的密度，同时也提高了木材的尺寸稳定性。聚乙烯醇浸渍改性处理后，密度提高的程度大于动弹性模量，从而使声辐射品质常数减小。这与比动弹性模量减小的原因是一致的。

4. 聚乙烯醇浸渍处理对泡桐木材声阻抗的影响

声阻抗 ω 主要与振动的时间响应特性有关，ω 较小时会提高响应速度。对改性后泡桐木材声阻抗的变化情况进行分析，结果如表 4-15、图 4-25、图 4-26 所示。

表 4-15　聚乙烯醇浸渍处理前后泡桐木材 ω 平均值

组号	$\omega_{浸渍处理前}$ (Pa·s/m)	$\omega_{浸渍处理后}$ (Pa·s/m)
1	4.891	4.811
2	4.830	4.756
3	4.350	4.293
4	4.672	4.633
5	4.944	4.820
6	4.665	4.569
7	4.662	4.620
8	4.707	4.549
9	4.779	4.609

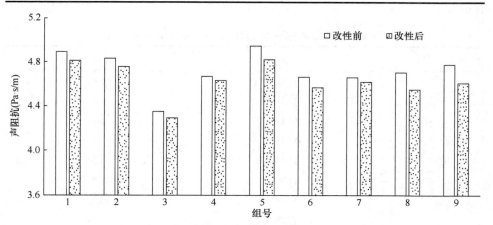

图 4-25　聚乙烯醇浸渍处理前后泡桐木材的 ω 值

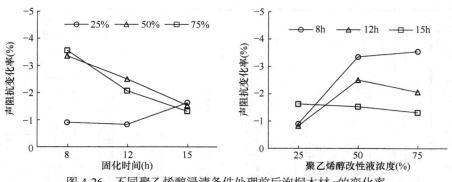

图 4-26　不同聚乙烯醇浸渍条件处理前后泡桐木材 ω 的变化率

从表 4-15、图 4-25、图 4-26 可以看出，聚乙烯醇改性后，泡桐木材声阻抗均减小，当聚乙烯醇浓度为 75%、固化时间为 8h 时，声阻抗 ω 变化率最大，此时，

声阻抗 ω 为 4.609Pa·s/m，减小了 3.6%。从固化时间看，当聚乙烯醇浓度为 25%、固化时间为 8h、12h 时，声阻抗下降的程度基本相当，但固化时间进一步延长时，声阻抗下降率会增大；而改性液浓度为 50% 和 75% 时，声阻抗随着固化时间的增加而降低。这说明聚乙烯醇改性能提高泡桐木材响应速度，并且当改性液浓度为 75%、固化时间为 8h 时，这种提高最明显，为 3.6%。

5. 聚乙烯醇浸渍处理对泡桐木材 E/G 值的影响

动弹性模量 E 与动刚性模量 G 之比 E/G 这个参数可表达频谱特性曲线的"包络线"特性。一般来说 E/G 值越高，频谱分布越均匀，音色效果越好。经聚乙烯醇浸渍处理后，泡桐木材的 E/G 值变化情况如表 4-16、图 4-27、图 4-28 所示。

表 4-16　聚乙烯醇浸渍处理前后泡桐木材 E/G 平均值

组号	E/G 浸渍处理前	E/G 浸渍处理后
1	14.89	15.89
2	15.21	15.53
3	9.911	10.65
4	12.68	14.81
5	15.52	15.58
6	12.39	13.88
7	11.46	13.35
8	13.79	13.19
9	14.49	13.54

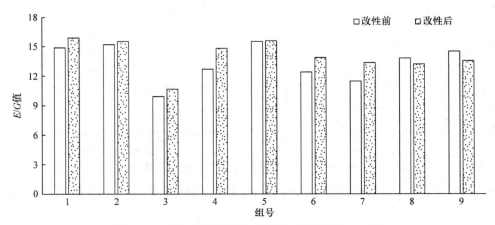

图 4-27　聚乙烯醇浸渍处理前后泡桐木材的 E/G 值

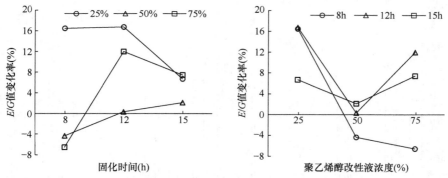

图 4-28　不同聚乙烯醇浸渍条件处理前后泡桐木材 E/G 的变化率

从表 4-16、图 4-27、图 4-28 可以看出，当聚乙烯醇浓度为 50% 和 75%，固化时间为 8h 时，E/G 值减小，其余改性条件 E/G 值均增加。总体上看，聚乙烯醇浓度为 25% 时，E/G 值提升的效果优于其他浓度，尤其当浓度为 25%、固化时间为 12h 时，E/G 值为 14.81，此时增加得最多，增加了 16.8%。此时，泡桐木材的振动频谱分布更均匀，音色更自然，效果更好。

6. 聚乙烯醇浸渍处理对泡桐木材振动对数衰减系数的影响

不同树种的对数衰减系数 δ 有一定程度的变异，一般来说，振动对数衰减系数较低的木材，较适合制作乐器的共鸣板。这是因为振动对数衰减系数低，木材振动衰减速度慢，更多的振动能量用于辐射振动能量，有利于维持一定的余音，使乐器的声音饱满而余韵。对改性后泡桐木材振动对数衰减系数的变化情况进行分析，结果如表 4-17、图 4-29、图 4-30 所示。

表 4-17　聚乙烯醇浸渍处理前后泡桐木材 δ 平均值

组号	$\delta_{浸渍处理前}$	$\delta_{浸渍处理后}$
1	0.022	0.031
2	0.025	0.029
3	0.028	0.031
4	0.024	0.030
5	0.022	0.031
6	0.025	0.030
7	0.024	0.029
8	0.026	0.040
9	0.023	0.032

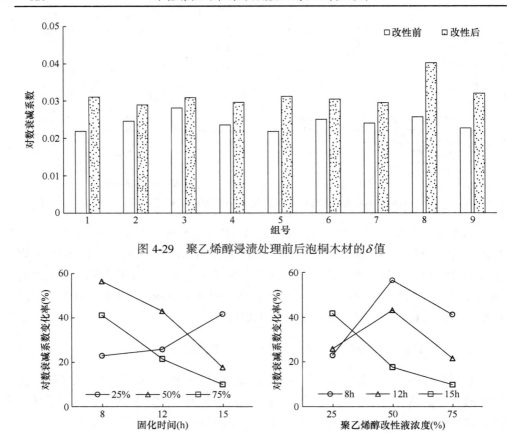

图 4-29　聚乙烯醇浸渍处理前后泡桐木材的 δ 值

图 4-30　不同聚乙烯醇浸渍条件处理前后泡桐木材 δ 的变化率

从表 4-17、图 4-29、图 4-30 可以看出，聚乙烯醇浸渍改性后，振动对数衰减系数值为 0.029～0.040，相对于未改性素材，经改性后振动对数衰减系数均提高了。当聚乙烯醇改性液浓度为 25%时，随着固化时间的增加，对数衰减系数增大程度越来越大，而当改性液浓度为 50%和 75%时，随着固化时间的增加，对数衰减系数变化率依次减小。当改性液浓度为 50%、固化时间为 8h 时，对数衰减系数提高的比例最大，为 56.5%。聚乙烯醇改性后，泡桐木材振动对数衰减系数增大，导致振动效率下降，不利于声学振动性能的提高。

7. 综合分析

通过对于聚乙烯醇浸渍改性处理对各项声学振动性能指标影响的分析，综合分析结果如表 4-18 所示。

表 4-18 不同聚乙烯醇浸渍条件处理后泡桐木材各项声学振动参数变化率(%)

	25%			50%			75%		
	8h	12h	15h	8h	12h	15h	8h	12h	15h
ρ	+0.40	+0.77	+0.84	+9.20	+2.98	+1.20	+4.08	+4.08	+3.29
E/ρ	−1.86	−1.69	−3.21	−6.47	−5.01	−3.14	−7.12	−4.25	−2.79
R	−1.13	−1.09	−2.25	−11.36	−5.07	−2.89	−7.41	−6.09	−4.86
ω	−0.90	−0.83	−1.63	−3.36	−2.50	−1.53	−3.55	−2.07	−1.32
δ	+22.88	+25.69	+41.84	+56.50	+43.17	+17.70	+41.25	+21.51	+9.91
E/G	+16.46	+16.8	+6.70	−4.36	+0.33	+2.12	−6.54	+11.99	+7.46

注："+"代表增加，"−"代表减小。

综合上文分析以及表 4-18 可以得出，聚乙烯醇浸渍处理后，可以改善木材的尺寸稳定性，使得发音效果稳定性得到提高；改性后木材密度的提高，使得比动弹性模量、声辐射品质常数指标下降，但总体上下降的程度不太显著，振动对数衰减系数也呈现劣化的变化规律；而声阻抗值有一定程度的改善，在一定改性条件下可使 E/G 值指标得到较为明显的改善。综合考虑可以选择聚乙烯醇浸渍液浓度为 25%、固化时间为 12h 来进行处理。

4.2.7 表征分析

本研究采用木材微观结构观察、X 射线衍射分析及红外光谱分析等手段对聚乙烯醇浸渍改性机理进行分析。

1. 聚乙烯醇浸渍处理对泡桐木材微观形态的影响

利用扫描电镜观察泡桐素材及经聚乙烯醇浸渍改性处理的试材的微观结构，结果如图 4-31 所示。

图 4-31(a)、(b)、(c)、(d)分别为泡桐素材导管和薄壁细胞、25%聚乙烯醇处理泡桐材导管、50%聚乙烯醇处理泡桐材导管以及 75%聚乙烯醇处理泡桐材薄壁细胞的微观扫描电镜图。对比四幅图可以发现，聚乙烯醇浸渍泡桐木材，能够不同程度进入泡桐木材导管内和部分薄壁细胞。从图 4-31(b)中可以看到，聚乙烯醇像黏稠物质一样，附着在泡桐导管内壁上，形成薄薄的一层，且不均匀。当聚乙烯醇浓度增加到 50%时，泡桐导管内壁上的聚乙烯醇改性液像一层厚厚的膜，均匀铺在上面。聚乙烯醇改性液浓度增加到 75%时，发现难以渗透的薄壁细胞内，也有部分聚乙烯醇溶液进入。聚乙烯醇改性液进入泡桐木材的多少，以及进入木材细胞的方式，对改性后的木材材性及各项参数值都有一定的影响，特别是不同浓度的聚乙烯醇改性泡桐材的声学振动参数。

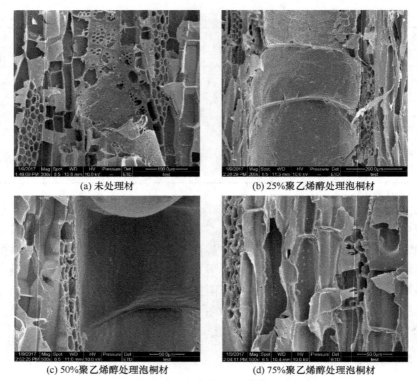

(a) 未处理材   (b) 25%聚乙烯醇处理泡桐材

(c) 50%聚乙烯醇处理泡桐材   (d) 75%聚乙烯醇处理泡桐材

图 4-31 聚乙烯醇浸渍处理前后泡桐木材的细胞微观图

2. 聚乙烯醇浸渍处理对泡桐木材结晶度的影响

泡桐木材经聚乙烯醇浸渍改性处理后，利用 X 射线衍射仪分析其结晶度的变化，结果如图 4-32、图 4-33 所示。

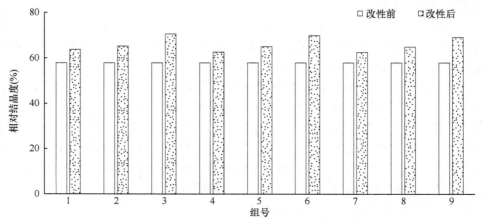

图 4-32 聚乙烯醇浸渍处理前后泡桐木材的结晶度值

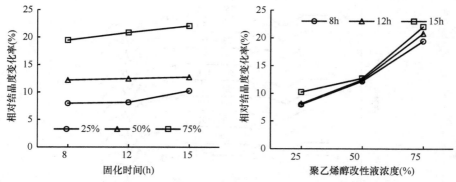

图 4-33　不同聚乙烯醇浸渍条件处理前后泡桐木材结晶度的变化率

众所周知，木材相对结晶度与木材的材性指标、加工特性等密切相关，特别是化学改性后木材的相对结晶度对其材性指标影响更大。因此分析木材相对结晶度的变化规律，对分析其材性指标有很大的帮助。从图 4-32 中可以看出未处理泡桐木材的相对结晶度为 57.9%，聚乙烯醇改性后的泡桐木材，相对结晶度最大值为 70.6%，最小值为 62.5%。另外，从图 4-33 中可以看出聚乙烯醇改性的泡桐木材，相对结晶度均发生不同程度的增加，增加率为 8.0%～22.0%。且在固化时间一定时，聚乙烯醇改性后的泡桐木材相对结晶度增加率随着改性液浓度的增加而增加。在聚乙烯醇改性液浓度一定时，改性后泡桐木材相对结晶度增加率随着固化时间的增加，呈微小幅度的增加。这说明，聚乙烯醇改性液的浓度对改性后泡桐木材的相对结晶度变化率影响更大，而固化时间相对影响较小。总体来说，聚乙烯醇浸渍改性处理能明显提高泡桐木材相对结晶度，且浓度为 75%、固化时间为 15h 时，泡桐相对结晶度最大，增加率最高，分别为 70.6%和 22.0%。

聚乙烯醇分子式具有严格的线型结构，并且含有大量的—OH 和—H，能够与纤维素大分子链上的羟基互相结合，脱去 1 分子的水形成—O—结构，使游离羟基的数量显著减少，同时造成纤维素非结晶区内的纤丝间距离减小，分子间力增大，从而使得纤丝间排列更为紧密。新的化学键的形成使得非结晶区间变得排列有序，使得一部分无定形区转变为结晶区，从而导致木材的相对结晶度增大。因此，在选择提高木材尺寸稳定性的化学改性剂时，应选择含有大量的—OH 和—H，且能与木材纤维素中游离羟基发生化学反应的。

3. 聚乙烯醇浸渍处理对泡桐木材化学组分的影响

通过 FTIR 观察因聚乙烯醇浸渍处理导致的木材内部官能团变化情况，从而判断木材发生的化学反应，FTIR 谱图如图 4-34 所示。

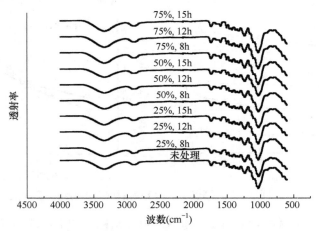

图 4-34　不同聚乙烯醇浸渍条件处理前后泡桐木材红外光谱图

从图 4-34 中可看出，经不同浸渍工艺处理后的泡桐试材红外图谱，与其未处理材的红外图谱相比，其吸收峰位置变化不大，仅在 3400cm⁻¹、1227cm⁻¹ 和 1157cm⁻¹ 附近的特征峰的吸收强度出现了一些细微变化。3400cm⁻¹ 的吸收峰与—OH 的伸缩振动有关，1227cm⁻¹ 的吸收峰与 C—OH 伸缩振动(木质素中的酚羟基)有关，1157cm⁻¹ 的吸收峰与 C—O—C 伸缩振动(纤维素和半纤维素)有关，随着聚乙烯醇树脂改性液浓度的增加，前两者附近吸收峰的强度有一定程度降低，后者吸收峰强度则有所增加，这与聚乙烯醇本身的特性有关，聚乙烯醇含有大量的—OH 和—H，具有多元醇的化学特性，能够发生醚化、酯化、缩醛化等反应。其能够与纤维素大分子链上的羟基互相结合，使游离羟基的数量显著减少，并且能够与酚羟基发生醚化反应，脱去 1 分子的水形成—O—结构，使得纤维素游离羟基数目减少，—OH 的伸缩振动收缩减弱，且由于发生醚化反应，酚羟基数目减少，C—O—C 键数目增加，导致 1227cm⁻¹ 的 C—OH 伸缩振动减弱，1157cm⁻¹ 的 C—O—C 伸缩振动加强。

4.3　二羟甲基二羟乙基乙烯脲树脂浸渍处理

4.3.1　二羟甲基二羟乙基乙烯脲改性概述

二羟甲基二羟乙基乙烯脲又称 DMDHEU 树脂，或称 2D 树脂，是一种良好的树脂整理剂，被广泛应用于纺织行业。DMDHEU 属于 N-羟甲基酰胺类化合物，可以与纤维分子上的羟基发生共价交联反应，使纤维素的纤维动弹性模量增强，形变恢复能力提高，可以起到较好的防缩抗皱效果[23]。经过 DMDHEU 处理后的织物机械性能较好，并有助于染料固定织物上，对染料的晒牢度等均有增加的效果。DMDHEU 可以与纤维素发生交联反应，主要是当脲环上的 4,5 位为羟基时，易发生羟基的转位反应，形成与纤维交联的乙内酰脲，结构上的不对称，会引发交联键的水解反应，从而释放甲醛。当 4,5 位的羟基被乙氧基取代后，可以在一定程度上提高交联键的水解稳定性，减少了释放甲醛的量，同时过量的乙醇也是甲醛的优良捕捉剂，能够减少游离甲醛的量[24]。

木材中含有大量的纤维素、半纤维素以及木质素等，而 DMDHEU 中含有丰富的羟基，化合物可以通过细胞的水气通道与纤维生成网状交联的结构，从而降低木材中游离羟基的数量，提高木材的尺寸稳定性。曹平等利用 DMDHEU 处理纤维纺织品，发现处理完后织物的机械性能得到提高[25]。Huang 等发现 DMDHEU 能与纤维分子上的羟基发生交联，提高了纤维动弹性模量，增强了形变恢复能力，从而提高了木材的理化性能[26]。Dieste 等研究了经 DMDHEU 处理后压制成型的胶合板，结果表明尺寸稳定性以及胶合板的硬度都有所提高[27]。张本刚等利用自处理单宁添加改性 UF 树脂，研究发现处理后木材游离的甲醛含量降低[28]。车文博等利用不同浓度的 DMDHEU 处理桦木，结果表明木材的尺寸稳定性和力学性能得到提高，当溶液浓度达到 50%(体积浓度)，甲醛释放量超标[29]。上述实验研究均利用真空加压浸渍的方法处理木材，未对木材进行预处理手段打开木材间的水气通道，使得浸渍难度较大，同时，真空加压也会对木材试件造成一定程度的损伤。

泡桐木材的密度要小于云杉木材，而经过抽提处理后，泡桐木材的表面更加光洁、干净，但分析声学振动性能参数可以发现，鱼鳞云杉经过抽提处理后，其声辐射品质常数 R、比动弹性模量 E/ρ 等参数的平均变化率均要高于泡桐木材；声阻抗 ω 和对数衰减系数 δ 等参数的变化率均小于泡桐木材。从微观结构可以知道，泡桐木材的渗透性能要优于鱼鳞云杉。

本研究先利用微波再丙酮抽提两种前期处理，提高泡桐木材的渗透性能，再超声辅以浸渍的方法对木材进行处理，探究不同 DMDHEU 浸渍浓度对泡桐木材声学振动性能的影响。

4.3.2　试验材料

本试验选取规格为长度(L)×宽度(R)×厚度(T)=300mm×30mm×10mm 的河南兰考泡桐(P. elongata)树种木材，共 45 块，试件无腐朽、节子、裂纹、虫蛀等可见缺陷。

4.3.3　试验主要仪器设备及试剂

(1) 恒温恒湿箱(温度 20℃，湿度 65%)。

(2) KQ-600KDE 型高功率数控超声波清洗器。

(3) 上海博迅医疗生物仪器股份有限公司提供的 GZX-9140MB 电热鼓风干燥箱(60℃条件下缓慢干燥)。

(4) 双通道快速傅里叶变换频谱分析仪(CF-5220Z)。

(5) Quanta200 型扫描电子显微镜、日本 Rigaku 公司制造的 D/MAX-2200 型 X 射线衍射仪、美国 Nicolet 公司 6700 FTIR 傅里叶变换红外光谱仪、美国热电集团生产的 THERMO 型 X 光电子能谱仪。

(6) 氯化镁($MgCl_2 \cdot 6H_2O$):购自上海源叶生物科技有限公司,分析纯(AR) 98%,203.3(MW);二羟甲基二羟乙基乙烯脲(DMDHEU):购自 Basf Inc,浓度 50%。

(7) 其他实验室常用玻璃仪器和蒸馏水。

4.3.4　试验方法与步骤

1. 试验方法

用蒸馏水和六水合氯化镁及二羟甲基二羟乙基乙烯脲,分别配制体积浓度为 5%、10%、20%、30%、40%DMDHEU 树脂溶液。再将 45 个试件,分成 5 组,每组 9 块,在恒温恒湿箱内将试件的含水率调整至 12%,测量木材的初始质量 M、初始体积、初始密度及各项声学振动性能参数;将试件先进行微波预处理(80W,10min),再放入恒温水浴锅内进行抽提处理(40℃,7d)后绝干处理,将 5 组试件分别浸渍(2h)在不同浓度的 DMDHEU 溶液中,并辅以超声处理(100W),溶液的浓度分别为 5%、10%、20%、30%、40%,浸渍完成后进行加热固化处理(105℃,48 h),最后再将浸渍处理完的试件放入恒温恒湿箱内,将含水率调整至 12%左右。测量最终试件的质量 M'、密度 ρ',并测其声学振动性能。

2. 木材声学性质测定

方法同 2.1.2 节。

3. 扫描电镜(SEM)观察

方法同 3.1.2 节。

4. X 射线衍射(XRD)分析

方法同 3.1.2 节。

5. 傅里叶变换红外光谱(FTIR)分析

方法同 3.1.2 节。

4.3.5 DMDHEU 浸渍处理对泡桐木材声学振动性能的影响

1. 不同浸渍浓度对木材密度 ρ 的影响

经微波及抽提预处理后，泡桐木材的密度显著降低了，并且是素材密度越大，预处理后密度下降程度也越大，即预处理后木材密度下降程度大小与密度值呈正相关。密度的下降会导致其动弹性模量等力学性能的降低。将预处理后的木材经体积浓度为 5%、10%、20%、30%、40%的 DMDHEU 树脂溶液浸渍改性处理，探究不同 DMDHEU 浓度对木材密度 ρ 的影响，结果如图 4-35 所示。

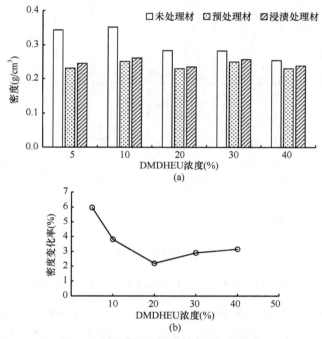

图 4-35　浸渍处理对木材密度 ρ 的影响

从图 4-35(a)可以看出，经过不同浓度 DMDHEU 浸渍处理后，泡桐木材的密度比预处理材均有所提高，增加的比例在 2.2%～6.0%范围。DMDHEU 的浓度不同，密度增加的比例[图 4-35(b)]不同，在 5%～20%浓度范围内，随着 DMDHEU 浓度的增大，密度增长率呈现下降的趋势，而浓度超过 20%后，密度增长率稍有提高。若将浸渍处理后泡桐木材的密度与未处理材相比较，可以看出浸渍处理的密度仍小于未处理材，这是因为浸渍处理前木材经过了微波抽提预处理，木材中的抽提物被抽出，使得密度降低，在浸渍过程中，有机小分子进入木材细胞壁内与纤维上游离的羟基反应，使得木材的密度较预处理有所增加，但预处理导致密度下降程度更大。

　　2. 不同浸渍浓度对比动弹性模量 E/ρ 的影响

　　DMDHEU 浸渍处理泡桐木材，不同的溶液浓度与 E/ρ 及其变化率的关系，如图 4-36 所示。

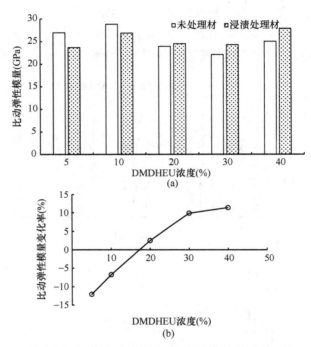

图 4-36　浸渍处理对木材比动弹性模量 E/ρ 的影响

　　从图 4-36 可以看出，当溶液浓度为 5%、10% 时，E/ρ 的值降低，这可能是由于在预处理阶段，木材的密度减小，导致其 E 值降低，且在浓度较低时，木材中游离的羟基与 DMDHEU 分子反应不充分，不够补偿预处理时损失的 E；当溶液浓度达到 20% 时，随着浓度的提高，E/ρ 提高，溶液中的小分子能够与木材进行充分反应，使得试件的 E、密度增加，E 值增加的速率较密度更大，使得木材的 E/ρ 得到提高。

　　3. 不同浸渍浓度对木材声辐射品质常数 R 的影响

　　DMDHEU 溶液浸渍处理泡桐木材，溶液的浓度与声辐射品质常数 R 及其变化率之间的关系，如图 4-37 所示。

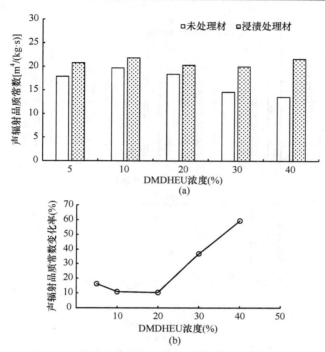

图 4-37　浸渍处理对木材声辐射品质常数 R 的影响

从图 4-37 中可以看出，浸渍处理后，木材声辐射品质常数值均增加。当 DMDHEU 溶液浓度较低(5%~20%)时，声辐射品质常数值的变化率差异较小，而当溶液浓度较高(>20%)时，声辐射品质常数值得到显著提高，且随着溶液浓度的提高，声辐射品质常数值变化率呈现增大的规律。因此，通过预处理和超声浸渍联合处理后的木材试件，低浓度处理时对声辐射品质常数值的提升程度较小，较高浓度时对声辐射品质常数值的提升起到了显著的效果，这可能是由于木材细胞壁上的羟基与 DMDHEU 发生反应，使得细胞壁刚性增大程度较大，而密度增大程度较小，因而用于声音辐射振动部分的能量增加，声转换效率提高。

4. 不同浸渍浓度对木材的声阻抗 ω 的影响

浸渍 DMDHEU 溶液的浓度与声阻抗 ω 的值及其变化率之间的关系，如图 4-38 所示。

从图 4-38 中可以看出，经过不同浓度 DMDHEU 浸渍处理后，泡桐木材各组处理材的 ω 值均比未处理材有所降低，其降低的平均变化率范围为−6.8%~−22.1%，浸渍处理材的 ω 值范围为 1.15~1.37Pa·s/m。比较未处理材与处理材，可得出随着浸渍浓度的升高，处理材 ω 变化率先增加后降低，变化率分别为−17.40%、−6.83%、−11.84%、−22.05%、−19.33%，当浓度达到 30%左右时声阻抗

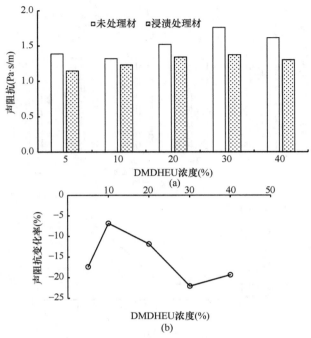

图 4-38　浸渍处理对木材声辐射品质常数 R 的影响

ω 降低的幅度最大(22.05%)，声阻抗 ω 从 1.76Pa·s/m 下降为 1.37Pa·s/m，由此可见 30%DMDHEU 浸渍处理，对于降低处理材的声阻抗效果最佳。

5. 不同浸渍浓度对木材的 E/G 的影响

E/G 是指木材的动弹性模量与动刚性模量之比，其值用于表达频谱特性曲线的包络线的特性，E/G 值是评价木材的声学性能更加优良的重要依据之一。浸渍 DMDHEU 的浓度与木材 E/G 值及其变化率之间的关系，如图 4-39 所示。

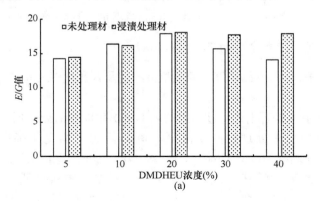

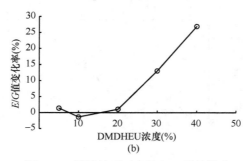

(b)

图 4-39　浸渍处理对木材 E/G 值的影响

从图 4-39 可看出，在低浓度范围(5%~20%)，经过 DMDHEU 溶液超声浸渍处理后，泡桐木材的 E/G 值变化幅度较小；从总体上看，除浓度为 10%以外，泡桐木材经 DMDHEU 溶液超声浸渍处理后的 E/G 值均得到提高，其涨幅范围为 1.07%~26.89%；当 DMDHEU 浓度为 10%时，E/G 值从 16.4 下降到 16.2，变化率为 1.2%。当溶液浓度达到 20%以上时，随着浓度的提高，E/G 值的提高比例不断增大。在本研究中，在浸渍浓度为 40%时，E/G 值由 14.1 提高到了 17.9，增幅最大(26.89%)，说明溶液浓度在较高的范围时，对提高泡桐木材的 E/G 效果较佳。

6. 不同浸渍浓度对木材的对数衰减系数δ的影响

DMDHEU 溶液浸渍处理泡桐木材，溶液的浓度与木材振动对数衰减系数及其变化率之间的关系，如图 4-40 所示。

从图 4-40 可以看出，经过浸渍处理后，木材的对数衰减系数δ均呈现降低的变化规律。随着浸渍浓度的提高，木材振动对数衰减系数的变化率并没有明显的规律，在浸渍浓度为 20%时，木材的对数衰减系数δ降低最明显(23.35%)，此时木材的内摩擦损耗降低最明显，能量利用率提升最多，木材声学性能参数提升最明显，总体来说，低浓度浸渍处理时，木材振动衰减率改善优于高浓度的处理。

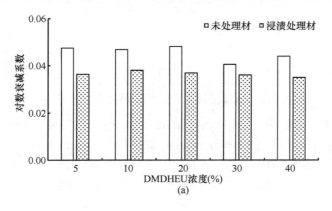

(a)

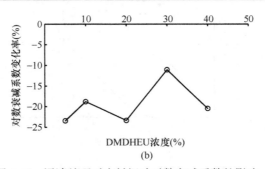

图 4-40　浸渍处理对木材振动对数衰减系数的影响

7. 不同浸渍浓度对木材的传声速度 v 的影响

分析浸渍 DMDHEU 溶液的浓度对木材声振动传播速度的影响规律，结果如图 4-41 所示。

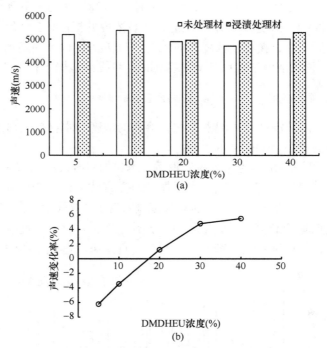

图 4-41　浸渍处理对木材声振动传播速度的影响

从图 4-41 可以看出，当浸渍溶液的浓度为 5%、10% 时，木材声振动传播速度呈现下降的变化趋势，变化率分别为 –6.22%、–3.45%，而浸渍溶液浓度达到 20% 时，处理材的声振动传播速度大于未处理材，且随着浓度的不断提高，变化率也依次增高，分别为 1.25%、4.79%、5.52%。由此可见，随着浸渍浓度的不断增加，传声速度的变化率在不断提高，但浓度为 40%时，提高最明显(5.52%)。造成这种现象的原因可能是，随着浸渍浓度的不断提高，木材细胞壁刚度得到有效的提升，使得振动传声速度也不断提升。

8. 不同浸渍浓度对木材的传输参数 v/δ 和声转换效率 $v/(\rho \cdot \delta)$ 的影响

分析 DMDHEU 浓度与木材的传输参数 v/δ、声转换效率 $v/(\rho \cdot \delta)$ 值及其变化率之间的关系，结果如图 4-42、图 4-43 所示。

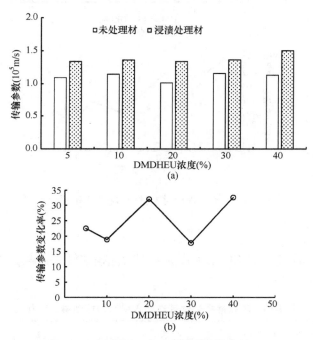

图 4-42　浸渍处理对木材传输参数的影响

从图 4-42 中可以看出，浸渍处理后泡桐木材的传输参数 v/δ 均得到提高，但随着浸渍浓度的变化，木材传输参数的变化率没有呈现一致的变化规律，但与木材振动对数衰减系数的变化规律正好相反；当 DMDHEU 溶液为 20%、40%时，传输参数提高比例最大，分别为 32.09%、32.65%。

从图 4-43 中可以看出，经过浸渍处理后，木材的声转换效率均得到增加，但随着 DMDHEU 溶液浓度的不断提高，木材声转换效率的改善程度基本呈现下降的变化规律。经过浓度为 5%的 DMDHEU 溶液浸渍处理后，木材的声转换效率变化率最大，为 71.38%，而经过浓度为 30%的 DMDHEU 溶液浸渍处理后，声转换效率增加得最少，为 29.63%。

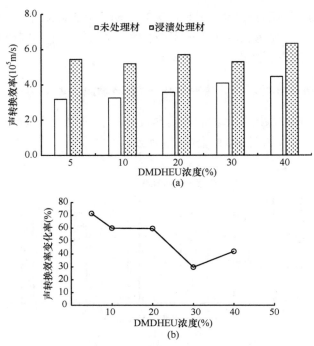

图 4-43　浸渍处理对木材声转换效率的影响

9. 综合分析

综合上文不同 DMDHEU 溶液浸渍处理后泡桐木材主要声学振动性能的分析结果，具体见表 4-19。

表 4-19　不同抽提处理后泡桐木材声学振动参数变化率

DMDHEU 溶液浓度	比动弹性模量变化率(%)	声辐射品质常数变化率(%)	声阻抗(%)	对数衰减系数变化率(%)	E/G 变化率(%)	声速变化率(%)	传输参数变化率(%)	声转换效率变化率(%)
5%	−12.06	+16.20	−17.40	−23.34	+1.39	−6.22	+22.51	+71.38
10%	−6.77	+10.87	−6.83	−18.80	−1.36	−3.45	+18.90	+59.90
20%	+2.51	+10.41	−11.84	−23.35	+1.07	+1.25	+32.09	+59.61
30%	+9.81	+36.90	−22.05	−11.05	+13.03	+4.79	+17.81	+29.63
40%	+11.34	+59.46	−19.33	−20.45	+26.89	+5.52	+32.65	+41.85

注："+"代表增加，"−"代表减小。

　　从表 4-19 中的各项结果可以看出，综合考虑各项指标的变化情况，DMDHEU 溶液的浓度较高时，可以获得较好的声学振动性能改善效果，而 DMDHEU 浓度在 20%左右时是一个转折点，在低于 20%时，DMDHEU 溶液浸渍处理会导致木材声学振动性能下降，而高于 20%时，则木材的声学性能得到改善。

4.3.6　表征分析

　　本研究采用木材微观结构观察、X 射线衍射分析及红外光谱分析等手段对 DMDHEU 溶液浸渍改性机理进行分析。

　　1. DMDHEU 浸渍处理对泡桐木材微观形态的影响

　　利用扫描电镜观察泡桐未处理材、预处理材及 5%DMDHEU、10%DMDHEU、20%DMDHEU、30%DMDHEU、40%DMDHEU 浸渍处理材的微观结构，结果如图 4-44 所示。

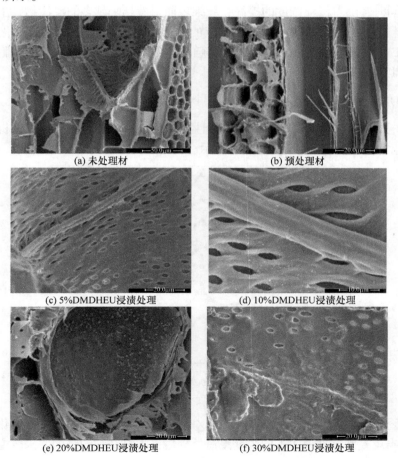

(a) 未处理材　　　　　　　　　　　(b) 预处理材

(c) 5%DMDHEU浸渍处理　　　　　　　(d) 10%DMDHEU浸渍处理

(e) 20%DMDHEU浸渍处理　　　　　　　(f) 30%DMDHEU浸渍处理

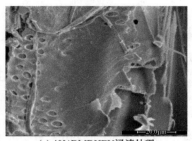

(g) 40%DMDHEU浸渍处理

图 4-44 未处理材、预处理材与浸渍处理材的微观结构 SEM 图

如图 4-44 所示，经过抽提处理后，木材细胞内壁的表面比较光洁，内部侵填物被抽出[图 4-44(b)]；而观察经 DMDHEU 溶液浸渍处理木材的微观结构可以发现，浸渍物附着于木材细胞壁的表面，并且与木材表面紧密连接无缝隙，木材与DMDHEU 可能发生化学反应，使得木材尺寸稳定性能得到提高，改善了发音稳定性。同时，随着浸渍浓度的提高，纤维表面附着越来越多的浸渍物，木材的动弹性模量 E 和相对结晶度也发生相应的变化；浸渍浓度为 30%时，化学试剂DMDHEU 附着在木材的细胞壁上，且随着溶液浓度的提高，木材的细胞腔及胞间层内也浸入部分药剂。

2. DMDHEU 浸渍处理对泡桐木材相对结晶度的影响

泡桐木材经 DMDHEU 溶液浸渍改性处理后，利用 X 射线衍射仪分析其结晶度的变化，结果如图 4-45、图 4-46 所示。

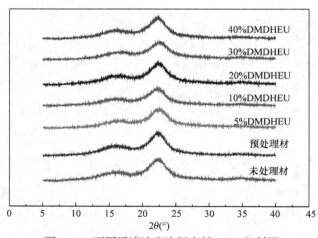

图 4-45 不同浸渍浓度泡桐木材 XRD 衍射图

从图 4-45 中可以看出，泡桐木材 X 射线衍射峰的位置并未发生变化，衍射峰强度出现差别，这说明不同浓度浸渍处理后，木材纤维的结构并未改变，但衍

射峰强度产生了一定的变化，说明不同浓度的 DMDHEU 浸渍处理后，泡桐木材的相对结晶度发生了一定程度的改变。

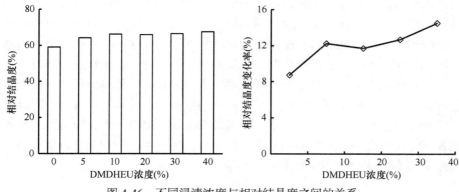

图 4-46　不同浸渍浓度与相对结晶度之间的关系

从图 4-46 可以看出，经过 DMDHEU 浸渍处理后，木材的相对结晶度均得到了一定的提高，但浸渍浓度不同，相对结晶度提高的程度有所差异，随着 DMDHEU 溶液浓度的提高，木材相对结晶度提高的幅度基本呈现逐步提高的变化趋势，即经高浓度的 DMDHEU 药剂浸渍处理后，结晶度提高的程度是最大的。随着浸渍浓度的提高，木材结晶区中的羟基与树脂反应发生醚化和酯化反应，结晶区增大，相对结晶度增加，使得 E 的增幅高于 ρ 的增幅，E/ρ 变大，材料的声学性能也提高。

3. DMDHEU 浸渍处理对泡桐木材化学组分的影响

通过 FTIR 观察经 DMDHEU 浸渍处理导致的木材内部官能团变化情况，从而判断木材发生的化学反应，FTIR 谱图如图 4-47 所示。

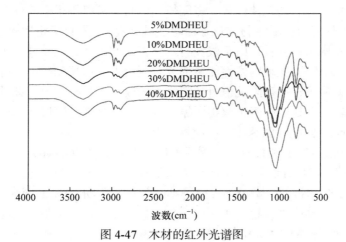

图 4-47　木材的红外光谱图

从图 4-47 中可以看出，不同浓度 DMDHEU 浸渍后的木材，其红外光谱发生了一定的变化。在 3400cm^{-1} 处附近的吸收峰与—OH 振动有关，对比分析发现浸渍处理浓度提高，泡桐在 3400cm^{-1} 的吸收峰减弱，表示木材细胞壁表面游离的羟基数目减少。在 1736cm^{-1} 处的吸收峰也随之相应消失，可能是由于木材中的羟基与 DMDHEU 中的—NHCH$_2$OH 发生醚化脱水作用生成羰基，使得木材中羰基的数目增加。1030cm^{-1} 左右的吸收峰发生明显减弱，可能是由于在进行微波预处理和木材干燥的过程中，纤维素和半纤维素发生一定程度的降解。因此，泡桐木材经过浸渍处理后，化学试剂已经浸渍到木材的细胞中，并与纤维素和半纤维素端游离的羟基发生交联反应，减少了木材的吸水基团，降低了木材吸湿性，使得木材的发音稳定性提高，且游离羟基数目的减少，使得木材的声阻抗 ω 降低和动弹性模量 E 提高，木材的声学性能得以增强。

4.4　本　章　小　结

本章分别利用糠醇、聚乙烯醇及二羟甲基二羟乙基乙烯脲(DMDHEU)三种试剂浸渍的方式，对木材进行改性处理，分析其对木材声学振动性能的影响规律，得出以下结论。

(1) 糠醇浸渍处理能大幅度改善木材的尺寸稳定性、动弹性模量、声阻抗 ω 指标，改善了木材发音效果的稳定性，但由于密度增大程度较高，比动弹性模量、声辐射品质常数指标大幅度下降以及振动对数衰减系数显著提升，即木材的振动效率下降明显。综合分析得出较佳的处理工艺为糠醇溶液浓度为 25%，固化温度为 8h。总体来说，木材经糠醇树脂改良后，用于乐器共鸣板材料并不是太理想，但由于尺寸稳定性、动弹性模量、密度得到提高，可以用于乐器的非共振部件。

(2) 聚乙烯醇改性后木材的尺寸稳定性显著提高，发音稳定性得到改善；从评价声学振动效率指标来看，由于改性后木材密度的提高，比动弹性模量、声辐射品质常数指标下降，振动内摩擦能量损耗有所增大，即振动效率下降，但总体下降的程度不太显著；而声阻抗值有一定程度的改善，在一定改性条件下可使 E/G 值指标得到较为明显的改善，改善了振动音色。综合考虑可以选择聚乙烯醇浸渍液浓度为 25%、固化时间为 12h 来改性木材。

(3) 木材进行微波和抽提预处理后再进行不同浓度的 DMDHEU 溶液浸渍处理，在低于 20% 时，DMDHEU 溶液浸渍处理会导致木材声学振动性能下降，而高于 20% 时，则木材的声学振动性能得到改善；随着 DMDHEU 溶液浓度的提高，基本呈现木材比动弹性模量、声辐射品质常数、E/G 值、声阻抗及振动对数衰减系数、声速、声传输参数等声学振动性能指标改善更显著的规律。

参 考 文 献

[1] 张德庆, 王云清, 邓艳秋, 等. 糠醇的生产、应用及深度开发[J]. 化工时刊, 1994, (2): 3-8.

[2] 牛炳华. 糠醇树脂的生产和发展[J]. 适用技术, 2003, 26(1): 26-31.

[3] Lande S, Eikenes M, Westin M. Chemistry and ecotoxicology of furfurylated wood[J]. Scandinavian Journal of Forest Research, 2004, 19(5): 14-21.

[4] Epmeier H. Differently modified wood: Comparison of some selected properties[J]. Scandinavian Journal of Forest Research, 2004, 19(5): 31-37.

[5] 何莉. 马尾松木材糠醇树脂改性技术及机理研究[D]. 长沙: 中南林业科技大学, 2012.

[6] 李万菊, 余雁, 喻云水, 等. 竹材糠醇树脂改性研究初探[J]. 竹子研究会刊, 2012, 31(1): 33-36.

[7] 蒲黄彪, 陈太安, 李元翻. 糠醇化对橡胶木性质的影响[J]. 林业科技开发, 2014, 28(4): 50-53.

[8] Hadi Y S, Westin M, Rasyid E. Resistance of furfurylated wood to termite attack[J]. Forest Products Journal, 2005, 55(11): 85-88.

[9] 何莉, 余雁, 喻云水, 等. 糠醇树脂改性杉木的尺寸稳定性及力学性能[J]. 木材工业, 2012, 26(3): 22-28.

[10] Baysal E, Kiyoka S O. Dimensional stabilization of wood treated with furfuryl alcohol catalyzed by borates [J]. Wood Science and Technology, 2004, (38): 405-415.

[11] Lande S, Westin M, Schneider M. Properties of furfurylated wood[J]. Scandinavian Journal of Forest Research, 2004, 19(5): 22-30.

[12] Dong Y M, Qin Y L, Wang K L, et al. Acessment of the performance of furfurylated and acetylated wood[J]. BioResources, 2016, 11(2): 3679-3690.

[13] Bastani A, Adamopoulos S, Militz H. Water uptake and wetting behavior of furfurylate, N-metylol melamine modified and heat-treated wood[J]. Wood Prood, 2015, 73: 627-634.

[14] 顾炼百. 木材改性技术发展现状及应用前景[J]. 木材工业, 2012, 26(3): 1-6.

[15] Nordstierna L, Lande S, Westin M. ^{1}H NMR demonstration of chemical bonds between ligninlike model molecules and poly (furfuryl alcohol): Relevance to wood furfurylation[C]. Beijing: Europen Conference on Wood Modification, 2007: 41-48.

[16] Xie Y J, Fu Q L, Wang Q W. Effects of chemical modification on the mechanical properties of wood[J]. European Journal of Wood and Wood Products, 2013, 71: 401-416.

[17] Chang S T, Chang H T, Huang Y S. Effects of chemical modification reagents on acoustic properties of wood[J]. Holzforschung, 2000, 54(6): 669-675.

[18] 徐炜玥. 聚乙二醇/热处理杨木的性能及表征[D]. 北京: 北京林业大学, 2012.

[19] 李新宇, 张明辉, 邵朱纬, 等. 利用 XRD 研究乙酰化木材的结晶度和微纤丝角[J]. 内蒙古农业大学学报, 2014, 35(4): 121-126.

[20] 康永, 柴秀娟. 水溶性聚乙烯醇研究进展[J]. 西部皮革, 2011, 33(4): 24-28.

[21] 邓巧云. 生物质纳米材料及其聚乙烯醇复合材料的制备与性能研究[D]. 南京: 南京林业大学, 2015.

[22] Islam M S, Hamdan S, Rahman M R, et al. Dynamic Young's modulus and dimensional stability of batai tropical wood impregnated with polyvinyl alcohol[J]. Journal of Scientific Research,

2010, 2(2): 227-236.

[23] Seo J H, Sakai K, Yui N. Adsorption state of fibronectin on poly(dimethylsiloxane) surfaces with varied stiffness can dominate adhesion density of fibroblasts[J]. Acta Biomaterialia, 2013, 9(3): 5493-5501.

[24] 李月萍. 蔗糖/DMDHEU 改性木材作为窗户用材的性能研究[D]. 哈尔滨: 东北林业大学, 2017.

[25] 曹平, 杨露露, 杨静新. DMDHEU 树脂醚化机理研究[J]. 印染助剂, 2011, 28(2): 21-24.

[26] Huang Z K, Lü Q F, Cheng X. Microstructure, properties and lignin-based modification of wood-ceramics from rice husk and coal tar pitch[J].Journal of Inorganic & Organometallic Polymers & Materials, 2012, 22(5): 1113-1121.

[27] Dieste A, Krause A, Bollmus S, et al. Physical and mechanical properties of plywood produced with 1.3-dimethylol-4.5-dihydroxyethyleneurea (DMDHEU)-modified veneers of *Betula* sp. and *Fagus sylvatica*[J]. Holz als Roh-und Werkstoff, 2008, 66(4): 281-287.

[28] 张本刚, 席雪冬, 吴志刚, 等. 处理单宁改性脲醛树脂性能研究[J]. 西南林业大学学报(自然科学), 2018, 38(1): 180-184.

[29] 车文博, 肖泽芳, 谢延军. 蔗糖与二羟甲基二乙烯脲浸渍压缩杨木单板的性能评价[J]. 东北林业大学学报, 2016, 44(8): 73-77.

第5章 γ射线辐照处理改良木材声学振动性能

5.1 引　言

　　辐射加工技术是核技术应用的一个分支学科,是利用γ射线或加速电子与物质作用,从而改善物质的性能或使不同物质相互作用合成新的材料,现在辐射化学变化主要包括:辐射降解、辐射聚合、辐射交联、辐射接枝等。无论是在材料加工,还是材料改性方面,辐射加工技术都具有其独特优势。γ射线与物质作用的实质是γ射线入射粒子与材料物质原子的相互作用,生物质材料是典型的天然复合材料,不同组分及结构对γ射线表现出不同的抗辐射能力,这将导致辐照交联、辐照降解和微观结构的变化。

　　前人也将γ射线辐照技术应用到木材科学研究中。在纤维素纤维的微细结构中,结晶度是描述纤维结构的重要参数,当辐照剂量较高时,将引起木材细胞壁结晶度下降,细胞壁中的纤维素、半纤维素分子链切断,当辐照剂量较低时,可引起细胞壁产生交联现象[1];Aoki 等研究发现当辐照剂量在 300kGy 时,扁柏纤维素的结晶度基本没有变化,但当辐照剂量在 1000kGy 时结晶度开始急剧下降;当辐照剂量为 100kGy 时,木材受载 0.1min 时的蠕变未发生改变,剂量达到 300kGy 时产生明显的蠕变[2];为了探究 ^{60}Co-γ 射线对生物质材料中纤维素分子量及分子量分布的影响,采用黏度法测定了辐照处理后的竹材纤维素分子量及分子量的分布变化规律,结果表明纤维素较容易辐射裂解,且分子量随着辐照剂量的增加而降低,分子量分布变窄,且聚合度明显降低,当辐照剂量为 60kGy 时,纤维素分子的平均聚合度变为原来的十分之一[3-5]。Kasprzyk 等研究了松木纤维素超微结构在辐照剂量为 20~9000kGy 范围内结晶度的变化,当辐照剂量为 120kGy 时纤维素结晶度有轻微下降的趋势,辐照剂量为 500~4500kGy 时开始急剧下降,辐照剂量达到 9000kGy 时纤维素完全降解[6]。Khan 等的研究也表明,随着辐照剂量的增加,纤维素结构出现变化,当辐照剂量为 100kGy 时结晶度从 42%降低到 31%,这说明高剂量的射线辐照对纤维素的结构影响很大,改变了纤维素的物理化学性质,这主要是由于纤维素在辐照诱导过程中出现了链断反应[7]。

　　高能量的射线能够使木材化学成分和木材微观构造(结晶度)产生变化,但对木材的解剖构造未产生明显变化。由于木材内不同化学组分的抗辐射能力不同,利用γ射线来研究木材各组分在细胞壁分布情况,发现细胞壁抗辐射能力与木质素含量呈线性关系，胞间层的抗辐射能力强于次生壁，S_3 层的抗辐射能力最差，即在相同辐照剂量条件下，细胞壁中的次生壁 S_3 层最容易产生降解反应[8]。木材抽提物是指采用水、苯、乙醇、丙酮等有机溶剂从木材中提取出来的物质的总称，虽然抽提物在木材中的含量很少，但对木材的材性、加工利用等有着不容忽视的作用。许洪林等研究了辐射对马尾松抽提物含量的影响，结果表明经辐照处理后的马尾松，不仅抽提速度明显加快，且抽提物含量也明显增加，经辐照处理后的抽提物含量与未经辐照处理相比增加了 40%左右，且辐照后的抽提物主要成分未改变[9]。Lawniczak 等对比经抽提后的木材与未经抽提木材的抗辐射稳定性，结果显示抽提物的存在提高了木材的抗辐射稳定性，随着辐照剂量的增加经抽提处理木材的动弹性模量比未经抽提的动弹性模量降低得更明显一些，说明经抽提后的木材辐照效果更显著[10]。

前人的研究表明，γ射线辐照对木材结构、相对结晶度、抽提物含量等产生影响，而辐照剂量的大小决定了影响的程度。木材结构、相对结晶度、抽提物含量等又对木材声学振动性能有显著影响，本研究利用γ射线辐照技术对木材进行处理，分析其对声学振动性能的影响规律。

5.2　试验材料与方法

5.2.1　试验材料

试验材料选用鱼鳞云杉(*Picea jezoensis*，以下简称云杉)与泡桐(*P. elongata*)两树种，其中云杉 8 组、泡桐 6 组，每组 5 块试样，尺寸规格为 300mm×40mm×10mm(纵向×径向×弦向)。

5.2.2　试验方法

1. 辐照处理

本研究的辐照处理是在黑龙江省农业科学院完成，辐照光源为 ^{60}Co，放射源能量为 1×10^5Ci(1Ci=3.7×10^{10}Bq)，剂量率为 4.4kGy/h。辐照剂量及辐照时间如表 5-1 所示。

表 5-1　辐照处理的剂量

辐照剂量(kGy)		0	5	10	30	50	100	200	300
辐照时间(h)		0	1.14	2.27	6.82	11.36	22.73	45.45	68.18
试样数	泡桐	5	5	5	5	5	5	5	5
	云杉	5	—	5	5	5	5	5	—

2. 木材声学振动性能测定

方法同 2.1.2 节。

5.3　辐照处理对木材声学振动性能的影响

5.3.1　辐照处理对木材密度的影响

分析不同剂量γ射线辐照处理对云杉、泡桐木材密度的影响，结果如图 5-1 所示。

从图 5-1 可以看出，经不同剂量 γ 射线辐照处理后，云杉、泡桐两种木材的密度均下降了，从下降率来看，泡桐木材的密度下降率要稍大于云杉木材，但总体的下降比例在 1.0%～1.8%之间，并不太显著。随着辐照剂量的提高，泡桐木材密度的下降率基本呈现逐步增大的趋势，但对于云杉木材，则未体现出明显的变化规律。

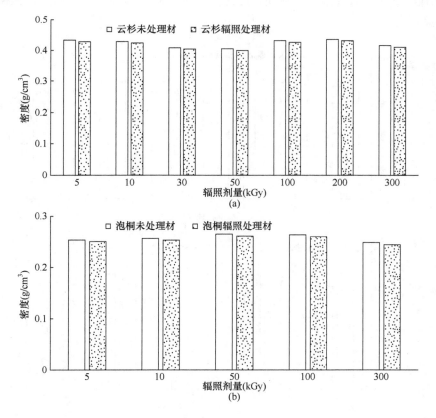

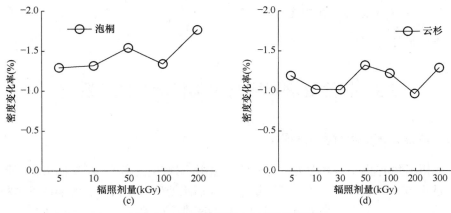

图 5-1 辐照处理对木材密度的影响

5.3.2 辐照处理对木材比动弹性模量的影响

分析不同剂量γ射线辐照处理对云杉、泡桐木材比动弹性模量的影响,结果如图 5-2 所示。

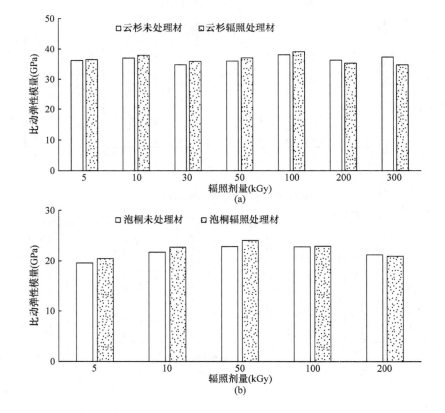

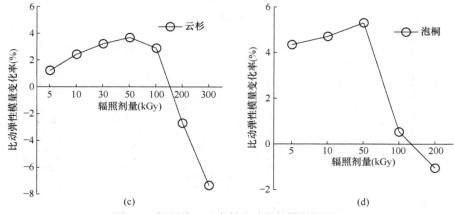

图 5-2　辐照处理对木材比动弹性模量的影响

从图 5-2 可以看出，当γ射线辐照剂量不超过 100kGy 时，其比动弹性模量相对于未处理材得到了提升，但辐照剂量超过 100kGy 后，比动弹性模量则小于未处理材，即木材经低剂量辐照处理，其比动弹性模量值得到改善，而高剂量的辐照处理导致比动弹性模量值劣化了，使得木材的振动效率降低。从变化率来看，随着辐照剂量的提高，木材比动弹性模量变化率呈现先增大后下降的趋势，从增大到下降的拐点出现在辐照剂量为 50kGy 处。这是因为，木材在高能射线作用下，会同时产生交联和降解反应，而低剂量辐照时，以交联反应为主，这时木材的比动弹性模量得到提高，而随着辐照剂量的提高，降解反应逐步增大，当辐照剂量达到一定值时，则降解反应占主导，导致木材的比动弹性模量相对于未处理材反而下降了。因此，适当剂量的辐照处理，有利于提高木材的比动弹性模量值，改善木材振动的效率。

5.3.3　辐照处理对木材声辐射品质常数的影响

分析不同剂量γ射线辐照处理对云杉、泡桐木材声辐射品质常数的影响，结果如图 5-3 所示。

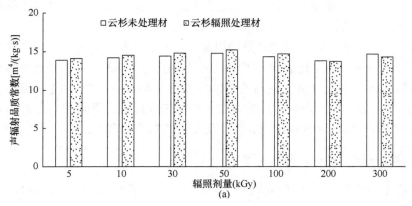

(a)

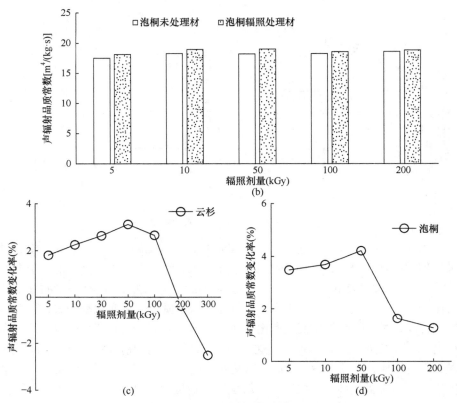

图 5-3　辐照处理对木材声辐射品质常数的影响

从图 5-3 可以看出，经不同剂量的γ射线辐照处理，两个树种的声辐射品质常数的变化规律有一定的差异。对于泡桐木材，处理材的声辐射品质常数都得到了一定的改善，提高的比例为 1.26%~4.22%，当辐照剂量不超过 50kGy 时，随着辐照剂量的提高，处理材的声辐射品质常数提高的比例逐步增大，而辐照剂量超过 50kGy 后，随着辐照剂量的提高，处理材的声辐射品质常数提高的比例逐步下降，即 50kGy 的辐照剂量为拐点。

对于云杉木材，随着辐照剂量的提高，云杉处理材声辐射品质常数的变化率呈现先增大后减小的变化规律。当辐照剂量不超过 100kGy 时，处理材的声辐射品质常数要大于未处理材，提高的幅度范围为 1.81%~3.11%；而辐照剂量达到 200kGy 时，处理材的声辐射品质常数要小于未处理材，下降的幅度为 0.40%~2.51%。当辐照剂量为 50kGy 时，声辐射品质常数提高程度最大，为 3.11%。

5.3.4　辐照处理对木材声阻抗的影响

分析不同剂量γ射线辐照处理对云杉、泡桐木材声阻抗的影响，结果如图 5-4

所示。

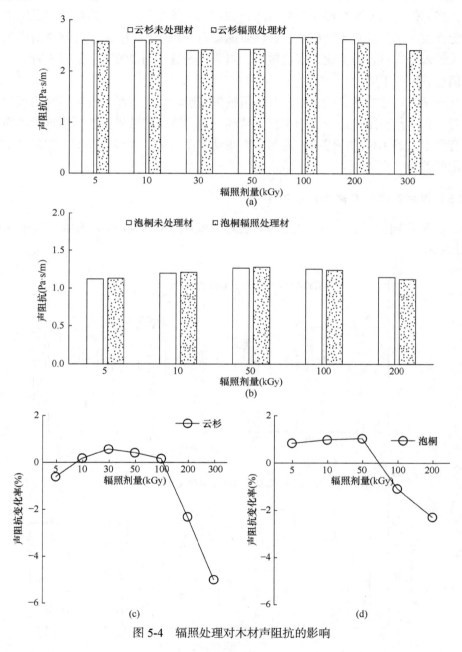

图 5-4　辐照处理对木材声阻抗的影响

从图 5-4 可以看出，经不同剂量的γ射线辐照处理，两个树种声阻抗的总体变化规律比较相似。对于泡桐木材，当辐照剂量不超过 50kGy 时，处理材的声阻抗值均大于未处理材，且随着辐照剂量的提高，处理材声阻抗值的提高比例虽有微小提高，但差异不大，而辐照剂量达到 100kGy 及以上时，处理材的声阻抗值有一定程度的下降。对于云杉木材，辐照剂量为 10～100kGy 时，处理材的声阻抗值大于未处理材，但变化程度也较小，当辐照剂量达到 200kGy 及以上时，声阻抗值有一定的下降。

　　声学振动性能优良的木材，其声阻抗值一般较低，而在进行乐器共鸣板的选材时，也选择声阻抗值较低的木材，从辐照处理改良的结果看，辐照剂量较高反而有利于改善木材的声阻抗，这与前面比动弹性模量、声辐射品质常数的结果有一定的差异。

5.3.5　辐照处理对木材 *E/G* 值的影响

　　分析不同剂量γ射线辐照处理对云杉、泡桐木材 *E/G* 值的影响，结果如图5-5 所示。

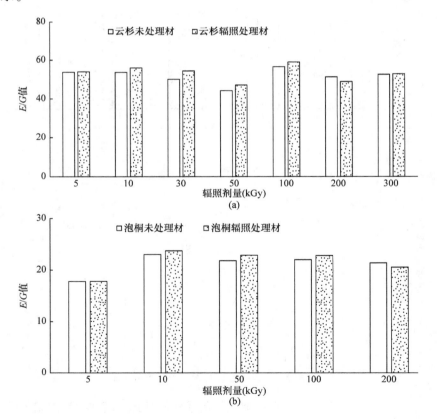

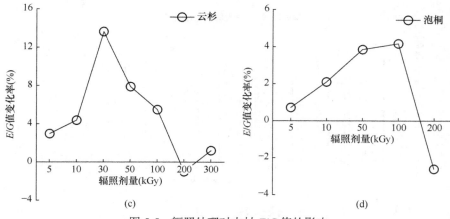

图 5-5　辐照处理对木材 E/G 值的影响

从图 5-5 可以看出，当γ射线辐照处理剂量不超过 100kGy 时，云杉、泡桐木材处理材的 E/G 值得到改善，但云杉木材的改善效果要优于泡桐木材。从 E/G 值的变化率来看，随着辐照剂量的提高，两个树种处理 E/G 值相对于未处理材的变化率均是先提高后降低。对于云杉木材，辐照剂量为 30kGy 时，E/G 值提高程度最大，提高比例为 13.63%，而泡桐木材 E/G 值提高最大的辐照剂量为 100kGy，提高比例为 4.17%。

5.3.6　辐照处理对木材振动对数衰减系数的影响

分析不同剂量γ射线辐照处理对云杉、泡桐木材振动对数衰减系数的影响，结果如图 5-6 所示。

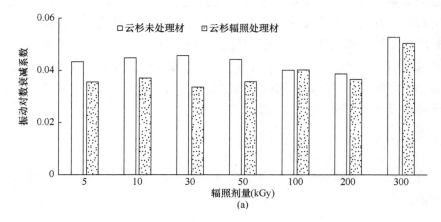

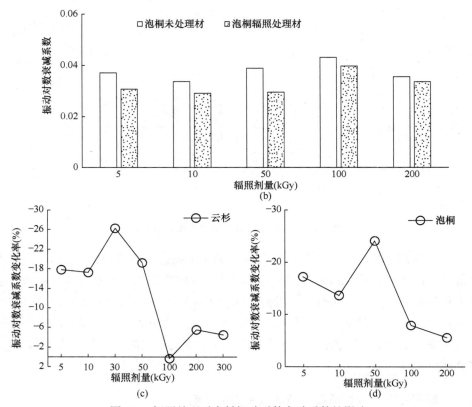

图 5-6　辐照处理对木材振动对数衰减系数的影响

从图 5-6 可以看出，经不同剂量的γ射线辐照处理后，云杉、泡桐木材振动对数衰减系数的下降率基本呈下降的变化规律，声学振动性能优良的乐器共鸣板用材都具有相对低的振动对数衰减系数，这说明，辐照处理可有效降低木材振动时因内摩擦而消耗的能量，尤其是低剂量的辐照，可更有效改善木材振动对数衰减系数指标。当辐照剂量为 30kGy 时，云杉木材的振动对数衰减系数下降最显著，下降率为 26.25%，而辐照剂量为 50kGy 时，泡桐木材的振动对数衰减系数下降最显著，下降率为 24.05%。

5.3.7　综合分析

通过上文对γ射线辐照处理对木材各项声学振动性能指标影响的分析，综合分析结果如表 5-2 所示。

表 5-2　各项声学振动性能指标的变化率

树种	辐照剂量 (kGy)	变化率(%)				
		比动弹性模量	声辐射品质常数	声阻抗	E/G	振动对数衰减系数
云杉	5	+1.22	+1.81	−0.60	+2.97	−17.80
	10	+2.43	+2.25	+0.17	+4.38	−17.25
	30	+3.22	+2.63	+0.56	+13.63	−26.25
	50	+3.68	+3.11	+0.41	+7.90	−19.21
	100	+2.89	+2.65	+0.16	+5.50	+0.35
	200	−2.69	−0.40	−2.31	−1.00	−5.45
	300	−7.34	−2.51	−5.00	+1.22	−4.44
泡桐	5	+4.35	+3.49	+0.83	+0.72	−17.21
	10	+4.71	+3.69	+0.97	+2.10	−13.65
	50	+5.31	+4.22	+1.03	+3.85	−24.05
	100	+0.54	+1.62	−1.08	+4.17	−7.85
	200	−1.05	+1.26	−2.28	−2.61	−5.50

注："+"代表增加，"–"代表减小。

综合上文分析以及表 5-2，得出结论：在进行γ射线辐照处理时，剂量的大小会影响处理的效果，低剂量的辐照处理可在一定程度上改善木材声学振动性能，而高辐照剂量则对木材声学振动性能有负面影响。总体上，当辐照剂量为 30～100kGy 时，可获得较好的木材声学振动性能改善效果。

5.4　本 章 小 结

本章利用γ射线辐照技术对鱼鳞云杉、泡桐木材进行辐照处理，分析不同辐照剂量对木材声学振动性能的影响规律，得出以下结论。

(1) γ射线辐照处理会降低木材的密度。

(2) 在进行γ射线辐照处理时，剂量大小会影响木材声学振动性能的改良效果，低剂量辐照处理可提高木材的比动弹性模量、声辐射品质常数、E/G 值，可降低振动对数衰减系数，虽然对声阻抗值有一定负面影响，但总体上，低剂量辐照处理可在一定程度上改善木材声学振动性能，而高辐照剂量则对木材声学振动性能有负面影响。

(3) 总体上，当辐照剂量为 30～100kGy 时，可获得较好的木材声学振动性能改善效果，针对不同树种，可相应选择适合的最佳处理剂量。

参 考 文 献

[1] 王洁瑛, 赵广杰. γ射线辐射对木材构造和材性的影响[J]. 北京林业大学学报, 2001, 23(5): 53-55.

[2] Aoki T, Norimoto M, Yamada T. Some physical properties of wood and cellulose irradiated with gamma rays[J]. Wood Research, 1977, 62(2): 19-28.

[3] 孙丰波, 江泽慧, 费本华. γ射线辐照处理竹材化学组分及结晶度变化研究[J]. 光谱学与光谱分析, 2011, 31(7): 1923-1924.

[4] 孙丰波, 费本华, 江泽慧, 等. γ射线辐照处理竹材的 X 射线光谱研究[J]. 光谱学与光谱分析, 2011, 31(6): 1717-1719.

[5] 杨革生, 魏孟媛, 邵惠丽, 等. γ射线辐照对竹纤维素分子量及分子量分布的影响[J]. 辐射研究与辐射工艺学报, 2007, 25(3): 141-144.

[6] Kasprzyk H, Wichlacz K. The effect of gamma radiation on the supramolecular structure of pine wood cellulose in situ revealed by X-ray diffraction[J]. Electroning Journal of Polish Agricultural Universities, 2004, 7(1): 32-35.

[7] Khan F, Ahmad S R, Kronfli E. γ-Radiation induced changes in the physical and chemical properties of lignocellulose[J]. Biomacromolecules, 2006, 7: 2303-2309.

[8] Delhoneux B, Antoine R, Cote W A. Ultrastructural implications of gamma-irradiation of wood[J]. Wood Science and Technology, 1984, 18: 161-176.

[9] 许洪林, 邓龙安, 李平宇, 等. 辐射对马尾松木材有机抽提物组分的影响[J]. 广东林业科技, 1988, (1): 11-13.

[10] Lawniczak M, Raczkowski J. The influence of extractives on the radiation stability of wood[J]. Wood Science and Technology, 1970, (4): 45-49.

第6章　木质单板-碳纤维复合材料的声学振动性能研究

为了缓解乐器音板用木材资源不足的压力，除了采用功能性改良的方法实现乐器用材的劣材优用[1-5]，科研工作者已经尝试开发新型的乐器音板用材料。木质单板-碳纤维复合材料作为一种新型材料被应用于各个领域，而学者对其的认识和研究也在逐渐推进。针对木质单板-碳纤维复合材料的研究，更多关注力学性能、电学性能和界面粘接性能等方面[6-9]，木质单板-碳纤维复合材料一方面发挥了木材比动弹性模量良好的优点，另一方面还改善了木材易腐易蛀、尺寸稳定性差等缺点[10]，不但可提高其在传统应用领域的竞争力，还可以将其应用范围扩展到声学领域[11]。本章从木质单板-碳纤维复合材料的复合工艺及复合形式着手，探究不同复合工艺及复合形式对木质单板-碳纤维复合材料振动声学性能的影响，拓宽声学材料的研究范围，寻求适合做乐器音板用材料的复合形式，从而适当减少珍贵乐器材的损耗。

6.1　木质单板-碳纤维复合材料复合制备工艺研究

关于复合材料声学振动性能的研究，其复合工艺对复合材料声学振动性能的影响不容忽视，本试验采用冷压法制备木质单板-碳纤维复合材料，在运用单因素分析法探讨主要工艺因子对桦木单板-碳纤维声学振动性能影响规律的前提下，应用响应面法(response surface methodology，RSM)优化设计试验方案，建立主要工艺因子与复合材料声学振动性能指标的二次回归模型，并对回归模型进行多指标的可靠性分析，优化得出木质单板-碳纤维复合材料的优化复合工艺，为木质单板-碳纤维复合材料声学振动性能的进一步研究奠定基础。

6.1.1　试验材料与方法

1. 试验材料

桦木单板：选用纹理通直、背面光洁、背板裂隙度小(小于 35%)的优质桦木单板，厚度为 1.45~1.50mm，厚度偏差为±0.03mm，其含水率为 6.7%~9.6%。

试验用增强材料碳纤维布采用卡本复合材料(天津)有限公司以聚丙烯腈基

(PAN 基)12K 小丝束碳纤维作为原材料生产而成的一级单向碳纤维布，理论厚度为 0.167mm，动弹性模量为 233MPa，伸长率为 1.73%。

胶黏剂为卡本复合材料(天津)有限公司生产的 AB 型环氧树脂浸渍胶，环氧树脂与固化剂混合质量比为 2∶1，胶体主要力学性能：抗拉强度 58MPa，动弹性模量 2.4GPa，伸长率 3.0%。

2. 木质单板-碳纤维复合材料制备方法

将剪切好尺寸的桦木单板和碳纤维布按如下步骤制造木质单板-碳纤维复合材料。

施胶：采用单面涂胶法，用毛刷顺纹理方向手工对单板和碳纤维布均匀涂胶 (涂胶量见具体试验)，碳纤维铺设方向与木材纹理方向平行(图 6-1)，依次叠加至 5 层，即单板/碳纤维布/单板/碳纤维布/单板。

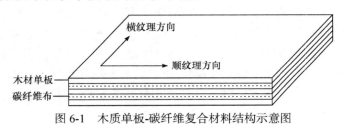

图 6-1　木质单板-碳纤维复合材料结构示意图

组坯：在木质压板上组坯，板坯每 5cm 加一张隔板，保证板坯均匀受力。

陈化：组坯后，陈化 30min。

冷压：推入冷压机中，按指定压力和时间进行冷压。

锯制：将板材锯制 300mm×25mm 尺寸的试件。

干燥：将锯制好的试材放在恒温恒湿干燥试验箱中进行平衡处理，直至将试材调节到当地木材的平衡含水率。

3. 木质单板-碳纤维复合材料声学振动性能测试

见 2.1.2 节中的测量方法。

6.1.2　单因素试验设计与结果分析

1. 单因素试验设计

通过单因素试验设计(表 6-1)，研究冷压时间、单位压力、施胶量对木质单板-碳纤维复合材料声学振动性能的影响规律。在单因素试验过程中，除试验工艺因子外，分别选取冷压时间 24h、单位压力 1.1MPa、施胶量 180g/m² 作为固定因子，温度为室温。

表 6-1　单因素试验设计

因子	水平					
	1	2	3	4	5	6
冷压时间(h)	6	12	18	24	30	36
单位压力(MPa)	0.2	0.5	0.8	1.1	1.4	1.7
施胶量(g/m²)	120	150	180	210	240	270

2. 施胶量对声学振动性能的影响

施胶量是复合材料生产工艺的决定因素。施胶量过少易出现缺胶断层，施胶量过多会使胶层增厚，削弱复合材料的胶合强度，而且还会导致胶黏剂的浪费[12]。施胶量对木质单板-碳纤维复合材料声学振动性能的影响如图 6-2 所示。

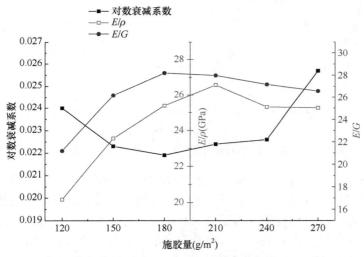

图 6-2　施胶量对木质单板-碳纤维复合材料声学振动性能的影响

由图 6-2 可以看出，施胶量低于 180g/m² 时，木质单板-碳纤维复合材料的比动弹性模量和 E/G 值随着施胶量的增加都呈现上升趋势，其对数衰减系数呈现下降趋势。而施胶量高于 240g/m² 时，材料的这三项声学振动性能指标随着施胶量的增加都开始变差。显然 270g/m² 的施胶量已然超出了材料结合层所需胶量，过多的胶量也会徒增材料的密度，降低其声学振动性能。

3. 单位压力对声学振动性能的影响

复合压力也是影响材料声学振动性能的重要因素之一。太小的压力无法使被粘接材料表面充分接触，而压力过大，胶黏剂将较多渗入木材中，容易造成透胶，影响木材的孔隙结构，材料还会产生过多的残余应变，而且较高的单位压力虽能得到好的胶合强度，但是会增大木质单板-碳纤维复合材料的压缩率，使材料结构受到影响，同时增加了材料的密度。恰当的压力有助于胶液的流展，使胶液均匀分布，加大结合层的胶合面积，又不至于过分压缩材料厚度。原则上，在保证复合材料声学振动性能的条件下，应尽可能采用最低的单位压力[12]。压力对木质单板-碳纤维复合材料声学振动性能的影响如图 6-3 所示。

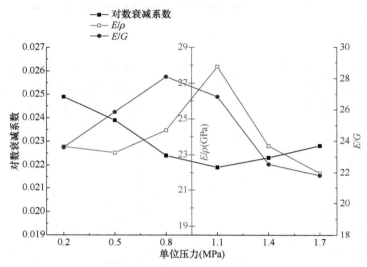

图 6-3　压力对木质单板-碳纤维复合材料声学振动性能的影响

由图 6-3 可以看出，单位压力低于 0.8MPa 时，木质单板-碳纤维复合材料的比动弹性模量和 E/G 值随着单位压力的增大而增大，其对数衰减系数随着单位压力的增大而减小，当单位压力高于 1.1MPa 时，复合材料的比动弹性模量和 E/G 值随着单位压力的增大而减小，其对数衰减系数随着单位压力的增大而增大，虽然各指标出现的峰(谷)点值位置不完全一致，但在压力区间 0.8～1.4MPa 时材料的声学振动性能表现较好。

4. 冷压时间对声学振动性能的影响

在保证材料性能的前提下，恰当的冷压时间可提升材料制备的效率。冷压时间对木质单板-碳纤维复合材料声学振动性能的影响如图 6-4 所示。

由图 6-4 可以看出，冷压时间 6h 以内，胶液未固化完全，材料的声学振动性能表现较差，当冷压时间低于 24h 时，材料的比动弹性模量、E/G 值随着冷压时间的增加而增大，其对数衰减系数随着冷压时间的增加而减小，24h 时，各指标表现都较好，当冷压时间超过 24h 时，复合材料的声学振动性能随冷压时间的延长，又

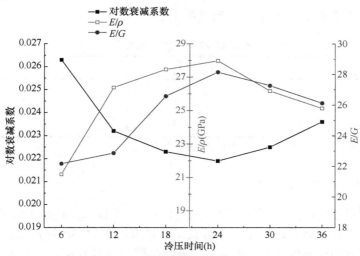

图 6-4　冷压时间对木质单板-碳纤维复合材料声学振动性能的影响

出现不同程度下降,说明较长的冷压时间会使复合材料产生较多的残余变形(又称不可恢复变形),影响其密度和动弹性模量。由此可得,固定因子下,冷压时间在 12~30h 时,木质单板-碳纤维复合材料具有较好的声学振动性能。

6.1.3　木质单板-碳纤维复合材料制备工艺的响应面优化

响应面法即响应曲面法,是一种试验条件寻优的方法,适宜于解决非线性数据处理的相关问题。它囊括了试验设计、建模、检验模型的合适性、寻求较佳组合条件等众多试验和技术。通过对过程的回归拟合和响应面、等高线的绘制,可方便地求出相应于各因素水平的响应值。在各因素水平的响应值的基础上,可以找出预测的响应最优值以及相应的试验条件[13,14]。

响应面法考虑了试验随机误差,同时,其将复杂未知的函数关系在小区域内用简单的一次或二次多项式模型来拟合,计算比较简便,是解决实际问题的有效手段。

所获得的预测模型是连续的,与正交试验相比,其优势是:在试验条件寻优过程中,能够建立试验因素与响应值之间的回归方程,从而连续对试验的各个水平进行分析,并能在试验的整个区域上找到因素的优化组合和响应值的最优值,而正交试验只能对一个个孤立的试验点进行分析[15]。

1. 响应面优化试验设计

基于单因素试验设计结果,利用 Design Expert 8.0.6 软件,运用 Box-Behnken design(BBD)方法进行 3 因素 3 水平的响应面试验设计(表 6-2),根据程序生成的

17 组因子组合进行试验(包含 5 个重复的中心点)。

表 6-2　冷压工艺因素水平

水平	A	B	C
−1	12	0.8	120
0	24	1.1	180
1	36	1.4	240

注：A 为冷压时间(h)；B 为单位压力(MPa)；C 为施胶量(g/m²)。

2. 响应面回归模型的构建

试验所得各组试件的声学指标值见表 6-3。通过 Design Expert 8.0.6 软件对试件比动弹性模量(E/ρ)、E/G 值、对数衰减系数δ的测试结果进行二次多项式回归拟合，依据回归模型的方差分析结果，剔除对模型影响不显著的部分因素，得到分别以 $Y_{E/\rho}$、$Y_{E/G}$、Y_δ为目标函数的响应面回归模型：

$$Y_{E/\rho}=28.25-0.78\times A-0.59\times B+0.75\times C+0.96\times A\times C+0.73\times B\times C-2.47\times A^2-2.56\times B^2-2.85\times C^2$$

(6-1)

$$Y_{E/G}=29.30-0.98\times A-0.87\times B+0.79\times C+0.74\times A\times B+1.09\times A\times C$$
$$+0.94\times B\times C-2.12\times A^2-2.61\times B^2-3.08\times C^2$$

(6-2)

$$Y_\delta=0.021+4.500\times10^{-4}\times A+4.375\times10^{-4}\times B-3.125\times10^{-4}\times C-7.250\times10^{-4}$$
$$\times A\times C-5.500\times10^{-4}\times B\times C+1.100\times10^{-3}\times A^2+1.175\times10^{-3}\times B^2+1.675\times10^{-3}\times C^2$$

(6-3)

表 6-3　响应面优化试验及结果

序号	A	B	C	E/ρ	E/G	δ
1	−1	−1	0	24.6780	26.9426	0.0230
2	1	−1	0	22.3128	23.3474	0.0240
3	−1	1	0	23.2956	24.3211	0.0233
4	1	1	0	22.5612	23.6684	0.0244
5	−1	0	−1	24.0840	25.5409	0.0233
6	1	0	−1	20.5956	21.5819	0.0255
7	−1	0	1	23.3496	24.4388	0.0243
8	1	0	1	23.6844	24.8347	0.0236
9	0	−1	−1	23.5440	24.6742	0.0234
10	0	1	−1	20.2932	20.4584	0.0259

续表

序号	A	B	C	E/ρ	E/G	δ
11	0	−1	1	23.9112	24.8882	0.0237
12	0	1	1	23.5980	24.4388	0.0240
13	0	0	0	27.7020	29.0291	0.0217
14	0	0	0	28.3608	28.5369	0.0214
15	0	0	0	28.0260	29.3715	0.0213
16	0	0	0	28.4364	28.8102	0.0217
17	0	0	0	28.7064	29.7567	0.0209

3. 响应面模型可靠性分析

为检验模型的可靠性，对二次回归模型进行方差分析，各模型的方差与模型拟合分析数据见表 6-4～表 6-7。

表 6-4　E/ρ 方差分析

方差来源	平方和	自由度	均方	F	P	显著性
模型	116.40	9	12.93	57.99	<0.0001	显著
A-冷压时间	4.89	1	4.89	21.92	0.0023	**
B-单位压力	2.76	1	2.76	12.37	0.0098	**
C-施胶量	4.54	1	4.54	20.35	0.0028	**
AB	0.66	1	0.66	2.98	0.1279	
AC	3.65	1	3.65	16.38	0.0049	**
BC	2.16	1	2.16	9.67	0.0171	*
A^2	25.72	1	25.72	115.30	< 0.0001	**
B^2	27.66	1	27.66	124.02	< 0.0001	**
C^2	34.12	1	34.12	152.98	< 0.0001	**
残差	1.56	7	0.22			
失拟项	0.96	3	0.32	2.10	0.2426	不显著
纯误差	0.61	4	0.15			
总离差	117.96	16				

*表示差异显著($P<0.05$)；**表示差异极显著($P<0.01$)；下同。

表 6-5　*E/G* 方差分析

方差来源	平方和	自由度	均方	F	P	显著性
模型	126.67	9	14.07	40.89	<0.0001	显著
A-冷压时间	7.63	1	7.63	22.16	0.0022	**
B-单位压力	6.07	1	6.07	17.62	0.0040	**
C-施胶量	5.03	1	5.03	14.62	0.0065	**
AB	2.16	1	2.16	6.29	0.0405	*
AC	4.74	1	4.74	13.77	0.0075	**
BC	3.55	1	3.55	10.30	0.0149	*
A^2	18.98	1	18.98	55.16	0.0001	**
B^2	28.63	1	28.63	83.18	<0.0001	**
C^2	39.90	1	39.90	115.92	<0.0001	**
残差	2.41	7	0.34			
失拟项	1.28	3	0.43	1.51	0.3407	不显著
纯误差	1.13	4	0.28			
总离差	129.08	16				

表 6-6　δ 方差分析

方差来源	平方和	自由度	均方	F	P	显著性
模型	3.25×10^{-5}	9	3.61×10^{-6}	23.03	0.0002	显著
A-冷压时间	1.62×10^{-6}	1	1.62×10^{-6}	10.33	0.0148	*
B-单位压力	1.53×10^{-6}	1	1.53×10^{-6}	9.77	0.0167	*
C-施胶量	7.81×10^{-7}	1	7.81×10^{-7}	4.98	0.0608	
AB	2.50×10^{-9}	1	2.50×10^{-7}	0.02	0.9031	
AC	2.10×10^{-6}	1	2.10×10^{-6}	13.41	0.0080	**
BC	1.21×10^{-6}	1	1.21×10^{-6}	7.72	0.0274	*
A^2	5.09×10^{-6}	1	5.09×10^{-6}	32.49	0.0007	**
B^2	5.81×10^{-6}	1	5.81×10^{-6}	37.08	0.0005	**
C^2	1.18×10^{-5}	1	1.18×10^{-5}	75.35	<0.0001	**
残差	1.10×10^{-6}	7	1.57×10^{-7}			
失拟项	6.58×10^{-7}	3	2.19×10^{-7}	1.99	0.2574	不显著
纯误差	4.40×10^{-7}	4	1.10×10^{-7}			
总离差	3.36×10^{-5}	16				

表 6-7　模型拟合分析

回归模型	决定系数	预测系数	信噪比
E/ρ	0.9868	0.9697	21.5585
E/G	0.9813	0.9573	18.4268
δ	0.9673	0.9253	14.0357

(1) E/ρ、E/G、δ 模型的 P 值均在 0.01 水平下显著($P_{E/\rho}<0.0001$、$P_{E/G}<0.0001$、$P_{\delta}=0.0002$),说明响应值与回归模型存在高度显著的关系,表明模型是成立的,具有统计学意义,建立的模型可用于预测。

(2) E/ρ、E/G、δ 模型的失拟项 $P_{LF}(P_{E/\rho\text{-}LF}=0.2426$、$P_{E/G\text{-}LF}=0.3407$、$P_{\delta\text{-}LF}=0.2574)$ 均大于 0.05,说明未知因素对试验结果干扰很小,模型误差小。同时,失拟项的 F 值越小,表示方程的拟合程度越高,E/ρ、E/G、δ 模型失拟项的 F 值分别为 2.10、1.51、1.99,说明这三个模型都具有很高的拟合程度。

(3) E/ρ、E/G、δ 模型的决定系数(表 6-7,R-squared)分别为 0.9868、0.9813、0.9673,预测系数(adj R-squared)分别为 0.9697、0.9573、0.9253。决定系数与预测系数都接近 1,并且两者接近,说明方程回归效果非常好,实测值与预测值非常接近;表明三组模型均可用于分析和预测响应值。

(4) 信噪比(表 6-7,adeq precision)表示信号与噪声的比例,可以反映回归模型的预测程度,通常该值大于 4 时,模型就可用于预测。信噪比越高,模型可预测程度越高。E/ρ、E/G、δ 模型的信噪比分别为 21.5585、18.4268、14.0357,表明模型的充分性和合理性,模型具有足够高的精确度,能准确地反映试验结果。3 组模型均可用于预测,其预测程度为 $E/\rho>E/G>\delta$。

通过比较模型中各因子的 P 值(表 6-4~表 6-6)可以发现,E/ρ、E/G 模型中 A、B、C、A^2、B^2、C^2、AC 项均为 0.01 水平下的显著因素;δ 模型中 A^2、B^2、C^2、AC 为 0.01 水平下的显著因素。

从 F 值大小可见,对 E/ρ 影响由大到小是 C^2、B^2、A^2 和冷压时间、施胶量、AC、单位压力、BC;对 E/G 影响由大到小是 C^2、B^2、A^2、冷压时间、单位压力、施胶量、AC 和 BC;对 δ 影响由大到小是 C^2、B^2、A^2、AC、冷压时间、单位压力、BC 和施胶量。这说明试验因素对综合评分值的影响不仅包括线性关系,还有二次方的非线性关系,同时存在交互作用。

4. 工艺因子交互作用分析

响应面图(3D 图)的陡峭与平缓反映因素对响应值影响的显著性大小。等高线

的形状体现交互效应的强弱，圆形表示 2 个因素交互作用不显著，椭圆形表示 2
个因素交互作用显著[16]。图 6-5～图 6-7 为施胶量和单位压力的交互作用对三个
响应值的影响。

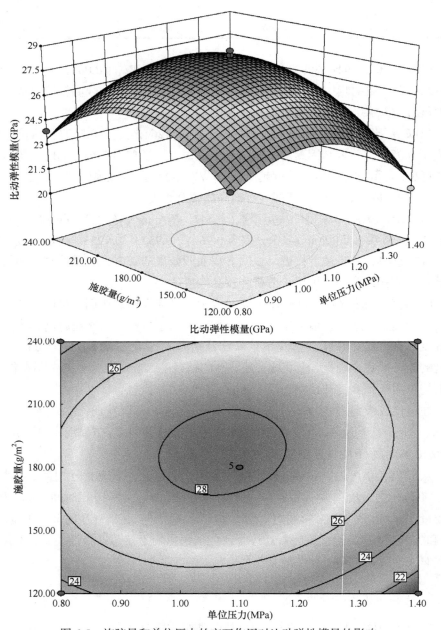

图 6-5　施胶量和单位压力的交互作用对比动弹性模量的影响

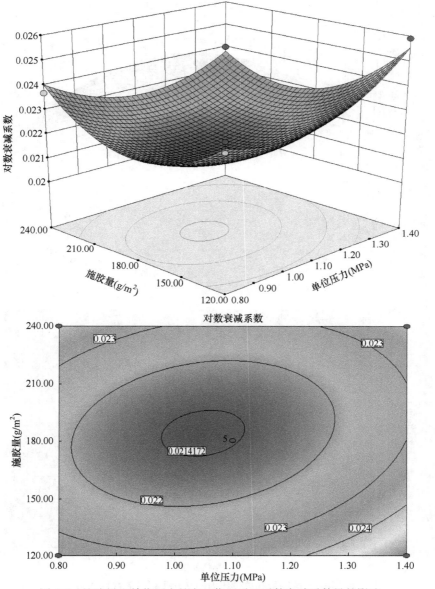

图 6-6　施胶量和单位压力的交互作用对于对数衰减系数量的影响

　　从图 6-5～图 6-7 可以看出，三组声学振动指标的最佳预测值都落在预测模型的试验条件范围内。由 3D 图可知，施胶量和单位压力对比动弹性模量和 E/G 值的影响较为显著，这说明材料的胶合强度对声学指标比动弹性模量和 E/G 值都有很大的影响。施胶量和单位压力对复合材料对数衰减系数的影响相对较小。由图 6-5～图 6-7 的三组等高线图可知，施胶量与压力交互作用对三组声学振动

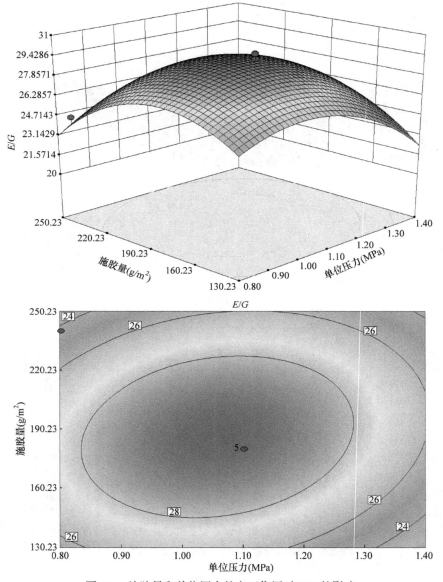

图 6-7　施胶量和单位压力的交互作用对 E/G 的影响

指标都存在着一定的交互作用，在一定压力范围内，压力越高，界面层厚度越薄，胶黏剂越容易渗入木材，界面的胶合强度也就越高，材料的声学振动指标表现越好。当压力超过一定限度后，一方面会导致过多残余变形增加了材料的密度，另一方面，过大压力会使胶量过多渗入木材造成透胶现象，堵塞材料孔隙，也降低了材料的胶合性能，从而影响其声学振动特性。

图 6-8～图 6-10 为单位压力和冷压时间的交互作用对三个响应值的影响。

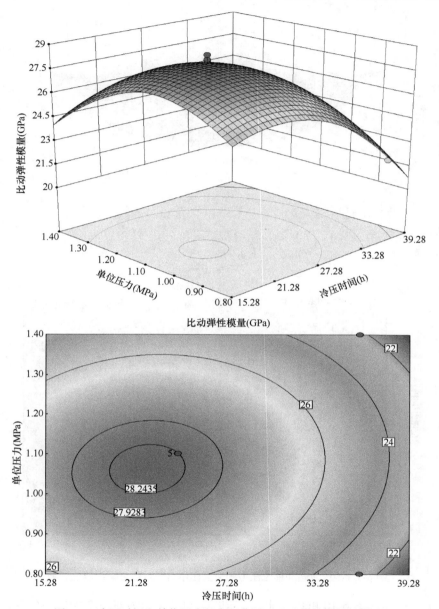

图 6-8　冷压时间和单位压力的交互作用对比动弹性模量的影响

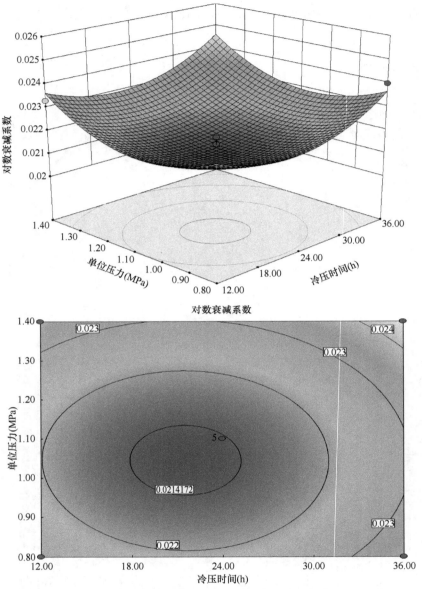

图 6-9 冷压时间和单位压力的交互作用对于对数衰减系数的影响

由图 6-8～图 6-10 可以看出，冷压时间和单位压力对三个响应值的 3D 图与单位压力和施胶量对三个响应值的 3D 图比较较为平缓，但等高线图更为扁圆，可见单位压力和冷压时间对三个响应值的影响存在着更为显著的交互作用。

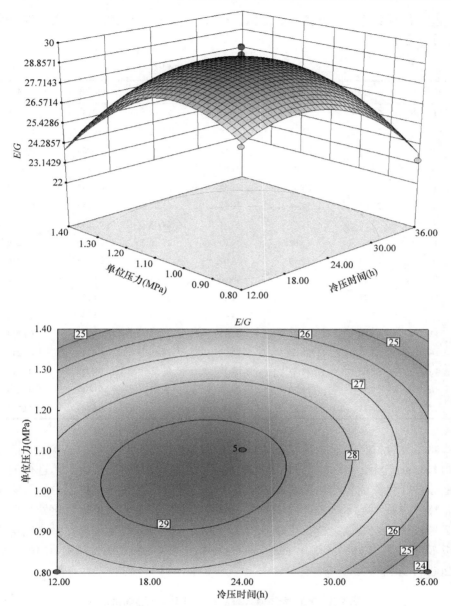

图 6-10　冷压时间和单位压力的交互作用对 *E/G* 的影响

5. 木质单板-碳纤维复合材料制备工艺优化与验证

由三个声学指标的响应面回归模型,对 17 组响应面设计试验工艺条件下的木质单板-碳纤维复合材料的声学振动指标进行预测,响应面非线性回归方程对三个响应值的预测值与实测值的对比见表 6-8，从表中可知，预测值与实测值的偏差率都小于 5%。

表 6-8　模型预测值与实测值

序号	E/ρ 实测值	E/ρ 预测值	E/G 实测值	E/G 预测值	δ 实测值	δ 预测值
1	24.68	24.99	26.94	27.15	0.0230	0.0228
2	22.31	22.61	23.35	23.73	0.0240	0.0237
3	23.30	23.00	24.32	23.94	0.0233	0.0236
4	22.56	22.25	23.67	23.46	0.0244	0.0246
5	24.08	23.91	25.54	25.37	0.0233	0.0233
6	20.60	20.44	21.58	21.24	0.0255	0.0257
7	23.35	23.51	24.44	24.78	0.0243	0.0241
8	23.68	23.86	24.83	25.00	0.0236	0.0236
9	23.54	23.40	24.67	24.63	0.0234	0.0236
10	20.29	20.76	20.46	21.01	0.0259	0.0256
11	23.91	23.44	24.89	24.34	0.0237	0.0241
12	23.60	23.74	24.44	24.48	0.0240	0.0238
13	27.70	28.25	29.03	29.30	0.0217	0.0214
14	28.36	28.25	28.54	29.30	0.0214	0.0214
15	28.03	28.25	29.37	29.30	0.0213	0.0214
16	28.44	28.25	29.81	29.30	0.0217	0.0214
17	28.71	28.25	29.76	29.30	0.0209	0.0214

兼顾复合材料的三个声学振动性能指标(E/ρ 和 E/G 尽可能大，δ 尽可能小)，利用 Design Expert 8.0.6 软件对木质单板-碳纤维复合材料的制备工艺进行响应面模型综合优化。优化结果见表 6-9 中的 1 号，其冷压时间、单位压力、施胶量都为非整数。基于实际试验过程中的可操纵性，对复合工艺因子规范化处理后，得到 2 号较优工艺参数组合。比较分析 2 号和 3 号模型的优化结果，最终确定木质单板-碳纤维复合材料的优化工艺条件为：冷压时间 22h，单位压力 1MPa，施胶量 200.00g/m²。

表 6-9　木质单板-碳纤维复合材料制备工艺优化结果

序号	冷压时间 (h)	单位压力 (MPa)	施胶量 (g/m²)	E/ρ (GPa)	E/G	δ	满意度
1	21.7	1.05	183.46	28.36	29.52	0.02131	0.948
2	22	1	200.00	28.18	29.32	0.02138	0.956
3	22	1	203.19	28.17	29.31	0.02138	0.955

为了验证理论模型的优化条件，在优化工艺条件下(冷压时间 22h，单位压力 1MPa，施胶量 200.00g/m²)进行三次试验，结果如表 6-10 所示。

表 6-10　优化工艺的试验验证结果

指标	实测均值	预测值	偏差率(%)
E/ρ(GPa)	27.56	28.18	2.2
E/G	29.89	29.32	−1.9
δ	0.0212	0.0214	1.0

从表 6-10 可知，木质单板-碳纤维复合材料三项声学振动性能指标的实测值与预测值非常接近，偏差率都小于 5%，说明利用响应面优化法得到的模型准确、可靠，本次研究得出的优化试验条件合理可行。

6.2　铺层结构对木质单板-碳纤维复合材料声学振动性能的影响

通过前面木质单板-碳纤维复合材料制备工艺的研究，确定较优冷压时间、单位压力及施胶量工艺参数，在此基础上进一步研究铺层结构对木质单板-碳纤维复合材料声学振动性能的影响。

6.2.1　试验材料与方法

1. 试验材料

桦木单板：选用纹理通直、背面光洁的优质桦木单板，厚度 1.45～1.50mm，含水率为 6.7%～9.6%。

碳纤维布：采用卡本复合材料(天津)有限公司以聚丙烯腈基(PAN 基)12K 小丝束碳纤维作为原材料生产而成的一级单向碳纤维布，理论厚度为 0.167mm，动弹性模量为 233MPa；以及经纬交织双向碳纤维布，理论厚度为 0.260mm，经向动弹性模量为 240.3MPa，纬向动弹性模量为 236.1MPa。

胶黏剂：选用卡本复合材料(天津)有限公司生产的 AB 型环氧树脂浸渍胶(密度 1.20g/cm³)，环氧树脂与固化剂混合质量比为 2∶1，胶体的抗拉强度为 58MPa、动弹性模量为 2.4GPa、伸长率为 3.0%。

2. 木质单板-碳纤维复合材料制备方法

桦木单板分别与单向、双向纤维布进行复合，具体铺设方式为：单板与碳纤维布相间组坯,单向碳纤维布的纤维轴向分别与木材纹理方向呈 0°(即平行)、15°、30°、45°、60°、75°与 90°(即相垂直)夹角;双向碳纤维布是由碳纤维纵横编织而成,在与单板复合时,其中一个方向与木材纹理方向平行(文中用双向表示),总层数均为五层、七层,即:

0°铺设:五层$[0/0_c/0]_s$[①],七层$[0/0_c/0/0_c]_s$;

15°铺设:五层$[0/15_c/0]_s$,七层$[0/15_c/0/15_c/0/15_c/0]$;

30°铺设:五层$[0/30_c/0]_s$,七层$[0/30_c/0/30_c/0/30_c/0]$;

45°铺设:五层$[0/45_c/0]_s$,七层$[0/45_c/0/45_c/0/45_c/0]$;

60°铺设:五层$[0/60_c/0]_s$,七层$[0/60_c/0/60_c/0/60_c/0]$;

75°铺设:五层$[0/75_c/0]_s$,七层$[0/75_c/0/75_c/0/75_c/0]$;

90°铺设:五层$[0/90_c/0]_s$,七层$[0/90_c/0/90_c/0/90_c/0]$。

双向碳纤维布的横顺交织方向铺设:五层$[0/(0,90)_c/0/(0,90)_c/0]$,七层$[0/(0,90)_c/0/(0,90)_c/0/(0,90)_c/0]$。

木质单板-碳纤维复合材料采用冷压方式进行胶合,制备工艺采用响应面优化设计方案所得的优化工艺,即单位压力 1MPa、冷压时间 22h、施胶量 200g/m²。

将压制成型的木质单板-碳纤维复合材料锯切成一定长度和宽度的长条形试件。然后,将试件按不同的层数结构和碳纤维布铺设方向分为 16 组,每组 5 个试件,试验用试件的分组情况以及各自的规格见表 6-11。

表 6-11 试材基本数据

组别	碳纤维布方向及层数	长度均值(cm)	宽度均值(cm)	厚度均值(cm)
1	0°五层	30	2.57	0.55
2	0°七层	30	2.57	0.75
3	15°五层	30	2.57	0.56
4	15°七层	30	2.57	0.74
5	30°五层	30	2.54	0.54
6	30°七层	30	2.54	0.73
7	45°五层	30	2.54	0.53
8	45°七层	30	2.54	0.74
9	60°五层	30	2.57	0.54
10	60°七层	30	2.57	0.74

---

① c 表示一层碳纤维维布,s 表示双层碳纤维布。

续表

组别	碳纤维布 方向及层数	长度 均值(cm)	宽度 均值(cm)	厚度 均值(cm)
11	75°五层	30	2.54	0.52
12	75°七层	30	2.54	0.74
13	90°五层	30	2.54	0.50
14	90°七层	30	2.54	0.70
15	双向五层	30	2.57	0.56
16	双向七层	30	2.57	0.74

　　在测试之前将木质单板-碳纤维复合材料试件放入恒温恒湿箱内平衡处理，直至将试材调节到当地木材的平衡含水率。

　　3. 木质单板-碳纤维复合材料声学振动性能测试

　　见 2.1.2 节中的测量方法。

6.2.2　碳纤维铺设方向对声学振动性能的影响

　　1. 碳纤维铺设方向对比动弹性模量的影响

　　碳纤维铺设方向的不同会对木质单板-碳纤维复合材料试件的物理学参数产生影响[17]，由经典层合板基本理论可知，复合材料层合板的动弹性模量取决于其构成复合材料单层板的动弹性模量及铺设形式[18-20]，所以，碳纤维铺设形式必然会对木质单板-碳纤维复合材料的声振动参数比动弹性模量产生影响，试样的碳纤维铺设方向与比动弹性模量之间的关系如图 6-11 所示。

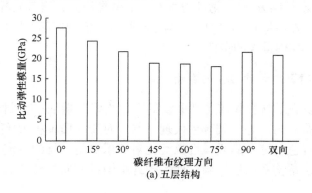

(a) 五层结构

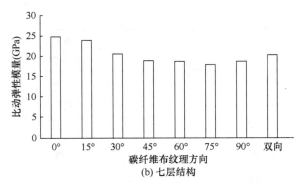

图 6-11　不同碳纤维铺设方向木质单板-碳纤维复合材料的 E/ρ

图 6-11 显示五层结构中八组试件的比动弹性模量的大小呈现出较明显的差异，其中顺纹方向铺设的试件，E/ρ 值明显较大，达到了 27.56GPa，而碳纤维布 75°方向铺设的试件，其 E/ρ 值在八组材料中相对较小，为 18.13GPa，是顺纹方向的 65.8%。碳纤维铺设方向从 0°到 75°的木质单板-碳纤维复合材料的 E/ρ 逐渐减小，而碳纤维铺设方向为 90°时，材料的 E/ρ 略微增加，双向碳纤维布增强的木质单板-碳纤维复合材料的 E/ρ 值介于 15°方向和 30°方向之间。在七层结构试件组中，E/ρ 值随碳纤维铺设角度的增加呈现出与五层结构同样的变化趋势。

比动弹性模量代表木材单位细胞壁物质的振动加速度，木材的振动效率与比动弹性模量正相关。所以无论是五层结构还是七层结构的木质单板-碳纤维复合材料，碳纤维布为顺纹方向铺设的试件具有更好的比动弹性模量，使用其制作的乐器更有潜力发挥优良声学特性[21]。

通过以上两组试验数据，可以直观地观察到，无论是五层还是七层结构的木质单板-碳纤维复合材料，碳纤维沿木材纹理方向顺纹复合的试件，其 E/ρ 值与其他碳纤维复合方向的试件相比均是最大。所以，从比动弹性模量来看，单向碳纤维布顺纹方向铺设的试件具有更好的声振动效率。这是因为木材为各向异性材料，其纹理方向(即木纤维方向)上物理力学性能的差异极大，当各向异性的单向碳纤维布与木材纹理方向呈 0°铺设时，其与木材构成了定向产品，发挥了木材纤维与碳纤维纵向动弹性模量大的特性。

2. 碳纤维铺设方向对 E/G 的影响

E/G 值用以表示材料频谱特性曲线的"包络线"特征[22]，材料的 E/G 值高表明其频谱分布均匀性好，其音色表现就好。对于木质单板-碳纤维复合材料的振动效率以及音色的综合品质，可以类比对于乐器用木材的鉴定，使用 E/G 值进行评价。五层结构和七层结构试件的碳纤维铺设方向与其 E/G 值之间的关系如图 6-12 所示。

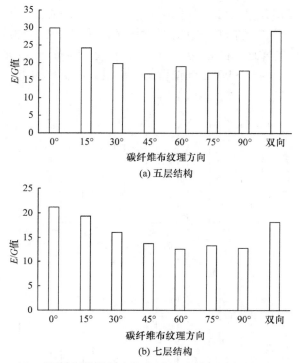

图 6-12　不同碳纤维铺设方向木质单板-碳纤维复合材料的 E/G

从图 6-12(a)可以看出，五层结构的木质单板-碳纤维复合材料的碳纤维铺设方向对试件的 E/G 值影响显著，碳纤维 0°方向和双向铺设的木质单板-碳纤维复合材料的 E/G 值明显高于其他方向铺设的复合材料，这显示顺向和双向复合材料的频谱特性曲线分布较为均匀，其试件具有较好的音色表现。碳纤维铺设方向为 0°的试件 E/G 值高达 29.89，而 E/G 值最低的 45°方向木质单板-碳纤维复合材料，其值仅为 16.84，且从试验中也可以看出该试件的频谱分布较为杂乱，音色较差。在七层结构的木质单板-碳纤维复合材料试件中[图 6-12(b)]，碳纤维铺设方向对 E/G 值的影响呈现相同的趋势。其中 0°、15°方向和双向铺设的试件 E/G 值明显高于其他角度铺设的复合材料。所以从 E/G 值来看，无论是五层结构还是七层结构的木质单板-碳纤维复合材料，双向碳纤维布铺设和单向碳纤维布小角度铺设均能获得较好的音色。

3. 碳纤维铺设方向对声阻抗的影响

声阻抗小者，频谱相位畸变小，声振动效率高。五层结构和七层结构试件的碳纤维铺设方向与其声阻抗值之间的关系如图 6-13 所示。

从总体来看(图 6-13)，碳纤维铺设方向对木质单板-碳纤维复合材料声阻抗的影响较小，在五层结构中，碳纤维 0°方向铺设的试件组声阻抗最大，为 4.21Pa·s/m。碳纤维 75°方向铺设的试件组声阻抗最小，其值 3.59Pa·s/m，比 0°方向组小 14.7%。同样地，在七层结构中，单向碳纤维布 0°、15°方向铺设时材料的声阻抗也较大，而 45°～90°方向铺设的试件组，声阻抗均小于 4.0Pa·s/m。

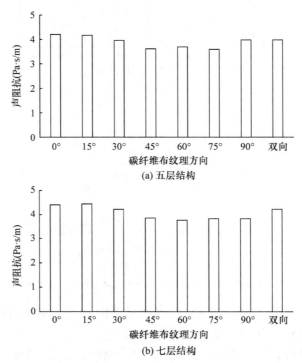

(a) 五层结构

(b) 七层结构

图 6-13　不同碳纤维铺设方向木质单板-碳纤维复合材料的 ω

　　材料的声阻抗与其密度和刚性正相关，由前面的分析可知，碳纤维小角度铺设时，材料的比动弹性模量较大。而由于复合材料各层施胶量相同，相同层数结构的复合材料密度相当，所以相同层数的试件，碳纤维铺设方向为小角度时，材料声阻抗较大。从声阻抗这一表征声振动频谱相位畸变的参数来看，45°～90°方向试件的声振动效率较高。

4. 碳纤维铺设方向对声辐射品质常数的影响

　　乐器共鸣板选用材料时，尽量选用声辐射品质常数较大的材料。声辐射品质常数越大的乐器用木材，越能高效将所获得的振动能量转化为声能辐射到空气当中，因为乐器发出的声音是以空气为介质进入人耳，更高的转化效率就能够使人们接收到更大的音量，并且使声音的持久性更高。不同碳纤维铺设方向对木质单板-碳纤维复合材料声辐射品质常数 R 的影响如图 6-14 所示。

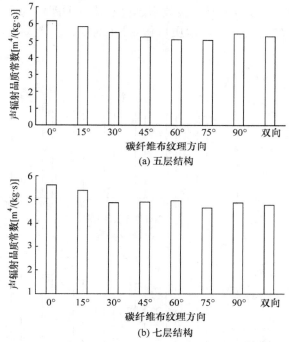

(a) 五层结构

(b) 七层结构

图 6-14　不同碳纤维铺设方向木质单板-碳纤维复合材料的 R

从图 6-14 中可以看出，这十六组试件的声辐射品质常数差异亦不是太明显，其值处于 4.66～6.17m⁴/(kg·s)。随碳纤维铺设角度的增加，木质单板-碳纤维复合材料的声辐射品质常数总体呈现下降趋势。五层结构的八组试件中，碳纤维铺设方向为 0°、15°的试件的声辐射品质常数略高于其他方向组的试件。七层结构的八组试件中，依然是碳纤维铺设方向为 0°和 15°试件的声辐射品质常数较高。因此，从声辐射品质常数这一指标来看，不同碳纤维铺设方向的木质单板-碳纤维复合材料的声辐射能力基本接近，且无论是五层结构的木质单板-碳纤维复合材料还是七层结构的木质单板-碳纤维复合材料，碳纤维铺设方向为 0°、15°时都具有相对较好的声辐射能力。

5. 碳纤维铺设方向对动力学损耗角正切的影响

木质材料振动衰减率越小，则质点振动内摩擦能量损耗越小，辐射到空气中的声波能量越大，振动能量的转化效率就越好。国内数据多采用对数衰减系数 δ，而国外数据多采用动力学损耗角正切 $\tan\delta$ 来表征振动衰减率。损耗角正切 $\tan\delta$ 表征每个周期的热损失能量与介质储存能量的比值，从而更好地解释了振动效率问题。损耗角正切 $\tan\delta$ 与材料的声能转换效率呈负相关，即木材的损耗角正切越小，材料的声能转换效率越高，越有可能作为乐器音板用材料使用[23]。不同碳纤维铺设方向对木质单板-碳纤维复合材料动力学损耗角正切的影响如图 6-15 所示。

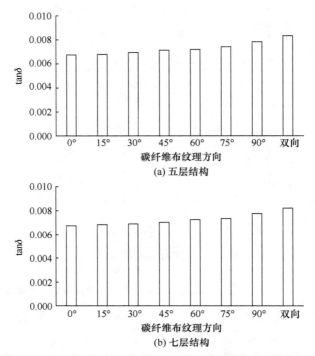

图 6-15　不同碳纤维铺设方向木质单板-碳纤维复合材料的 tanδ

从图 6-15 可以看出，在五层结构和七层结构组中，动力学损耗角正切呈现的规律为：随着碳纤维铺设角度的增大，材料的动力学损耗角正切均值呈增大趋势，由此可知，随着碳纤维铺设角度的增加，材料每周期内热损耗能量增加，辐射出去的声能相应减少。

6. 碳纤维铺设方向对传声速度的影响

声速 v 是材料传声特性的主要指标，定义为单位时间内振动波传递的距离。声速的大小与材料密度、温度、动弹性模量等有显著关系。通常用作乐器音板的木质材料都有较高的传声速度[23]。不同碳纤维铺设方向对木质单板-碳纤维复合材料传声速度的影响如图 6-16 所示。

从图 6-16 可以看出，五层结构中，碳纤维铺设方向为 0°、15°的试件组，具有较高的传声速度，分别为 5145m/s 和 4931m/s。试件的传声速度随着碳纤维铺设角度的增加逐步降低,然而在 90°方向上,声音传播速度略微上升,但其传声速度比碳纤维布 0°方向铺设的试件组低 10%。

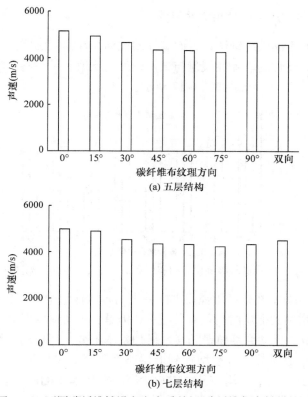

(a) 五层结构

(b) 七层结构

图 6-16 不同碳纤维铺设方向木质单板-碳纤维复合材料的 v

在七层结构木质单板-碳纤维复合材料结构中,材料传声速度随碳纤维铺设角度的变化呈现类似的趋势,其在 0°、15°铺设方向上获得相对较高的声音传播速度,为 4978m/s、4892m/s。双向交织铺设的试验组,虽然其传声速度在同层数结构的试件组比较中不是最低值,但也相对较小,为 4502m/s。

6.2.3 层数结构对声学振动性能的影响

上文的分析表明碳纤维的方向对复合材料的声学振动特性影响显著,而层数结构预期也会对木质单板-碳纤维复合材料试件的声学振动特性产生影响。因为层数结构会影响试件的密度,而密度与声学振动特性密切相关。通过预试验得知,木质单板-碳纤维布-木质单板三层结构复合材料的力学性能及尺寸稳定性较差,而九层结构木质单板-碳纤维复合材料由于层数超出目前所用乐器音板的厚度,所以在层数对比试验中,选用了五层和七层结构的木质单板-碳纤维复合材料进行对比研究。

1. 层数结构对比动弹性模量的影响

试验首先对不同碳纤维铺设方向试件的比动弹性模量(E/ρ)进行了比较分析。比动弹性模量即试件的动弹性模量与试件密度的比值,是材料声学振动效率品质评价的重要参数之一。结果如图 6-17 所示。

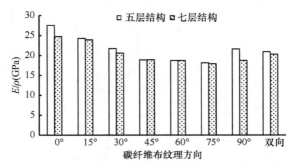

图 6-17　不同碳纤维铺设方向和层数结构复合材料的比动弹性模量

由图 6-17 可知,在碳纤维铺设方向一定的各试件组中,试件的比动弹性模量随层数从五层增加到七层时普遍有所减小,但是,比动弹性模量相对较小的 45°、60°、75°方向组的比动弹性模量随层数增加基本不变。而比动弹性模量相对较高的方向组的 E/ρ 随层数从五层增加到七层略微下降,其中 0°方向组的 E/ρ 随层数从五层增加到七层,其均值从 27.56GPa 下降为 24.78GPa,下降幅度 10.1%。当层数结构从五层增加到七层时,材料密度由 0.84g/cm³ 变为 0.88g/cm³,上升4.8%,碳纤维体积分数从 6.9%增加到 7.7%,由连续纤维复合材料纵向动弹性模量估算混合定律,材料纵向动弹性模量基本不变,其比动弹性模量随层数变化微小。通常认为,比动弹性模量大的材料具有相对较好的声学振动性能,所以单从 E/ρ 这一重要声学指标来看,碳纤维铺设方向一定的情况下,五层结构的木质单板-碳纤维复合材料较七层结构的木质单板-碳纤维复合材料具有较为优良的声学振动性能。

2. 层数结构对 E/G 的影响

E/G 与音色的深厚程度、音色的自然程度以及旋律的突出性等听觉心理量有关,E/G 比值越大的材料,其音色越好[23]。将各碳纤维铺设方向不同层数结构试件的 E/G 值进行比较,结果如图 6-18 所示。

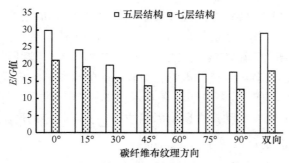

图 6-18　不同碳纤维铺设方向和层数结构复合材料的 E/G

从图 6-18 看出，层数结构对木质单板-碳纤维复合材料 E/G 值影响显著。随层数结构从五层对称结构增加到七层对称结构，各铺设角度复合材料的 E/G 值都明显下降，E/G 相对较高的 0°方向组和双向方向组的 E/G 值分别从 29.89、29.13下降为 21.17、18.14，下降幅度分别为 29.2%、37.7%。而 E/G 值相对较低的 45°方向组的 E/G 值从 16.84 下降为 13.72，降幅也有 18.5%。数据充分显示，层数结构对木质单板-碳纤维复合材料的音色特性影响极其显著，五层结构组的音色表现明显优于碳纤维相同角度铺设的七层结构组。随着层数的增加，木质单板-碳纤维复合材料的界面增多，界面热应力会使界面层中产生微裂纹，从而增大了不同层之间振动传递的阻力，不利于音色的发挥。

3. 层数结构对声阻抗的影响

将各碳纤维铺设方向不同层数结构试件的声阻抗值(ω)进行比较，结果如图 6-19所示。

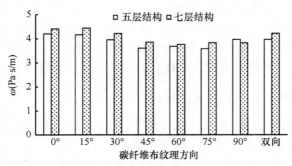

图 6-19　不同碳纤维铺设方向和层数结构复合材料的声阻抗

从总体上来看(图 6-19)，试验中木质单板-碳纤维复合材料的声阻抗均较高，七层结构木质单板-碳纤维复合材料组的声阻抗均值比相同碳纤维铺设方向的五层结构组的声阻抗均值略高。这说明，七层结构试件组振动的时间响应特性比五层结构试件组的时间响应特性曲线偏移小些，其中 0°方向试件组，当层数结构从五层增加到七层时，其声阻抗值增加了 4.8%，15°方向试件组的声阻抗随着层数从五层增加到七层，涨幅 7.0%。这说明，层数与木质单板-碳纤维复合材料的声阻抗正相关，但是，其对声阻抗的影响相对较小。复合材料的声阻抗与其动弹性模量和密度正相关，由前面分析可知，随着木质单板-碳纤维复合材料层数从五层增加到七层，材料的密度和动弹性模量涨幅微小，所以材料的声阻抗略微增加。

4. 层数结构对声辐射品质常数的影响

不同层数结构试件的声辐射品质常数(R)的比较如图 6-20 所示。

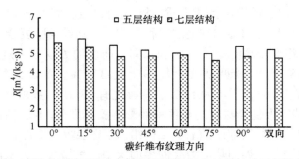

图 6-20　不同碳纤维铺设方向和层数结构复合材料的声辐射品质常数

随层数从五层增加到七层(图 6-20)，各方向铺设的木质单板-碳纤维复合材料试件组的声辐射品质常数都不同程度减小。其中 0°方向的试件中，五层结构木质单板-碳纤维复合材料的声辐射品质常数比七层结构木质单板-碳纤维复合材料试件组的声辐射品质常数高 9.79%，15°五层结构的声辐射品质常数比七层结构的声辐射品质常数高 8.16%。作为表征乐器音板材料声学振动性能主要指标之一，越大的声辐射品质常数值意味着越好的声振动效率。材料受迫振动获得的能量将更多转化为声能传递到空气中去。相较于七层结构木质单板-碳纤维复合材料，五层结构木质单板-碳纤维复合材料具有较高的声辐射品质常数。

5. 层数结构对动力学损耗角正切的影响

比较不同层数结构试件振动的动力学损耗角正切，结果如图 6-21 所示。

从图 6-21 可以看出，层数结构对木质单板-碳纤维复合材料的动力学损耗角正切影响不显著，其中，随层数增加，动力学损耗角正切变化较明显的为铺设双向碳纤维布的复合材料，其动力学损耗角正切降幅均不到 2%。试验结果表明，相同铺设方向不同层数结构的木质单板-碳纤维复合材料振动过程中的能量损耗相当，且能量损耗都较小。

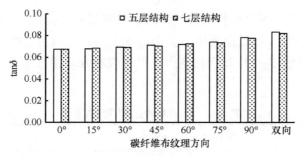

图 6-21　不同碳纤维铺设方向和层数结构复合材料的损耗角正切

6. 层数结构对传声速度的影响

不同层数结构试件的传声速度比较，结果如图 6-22 所示。

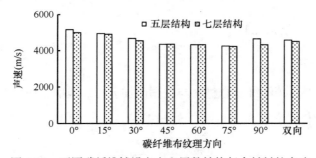

图 6-22　不同碳纤维铺设方向和层数结构复合材料的声速

从图 6-22 可以看出，木质单板-碳纤维复合材料的传声速度随着层数的增加有所降低，其中 0°方向组的传声速度随层数的增加从 5145m/s 下降为 4978m/s，降幅 3.25%，15°方向试件组的传声速度随复合材料层数从五层增加到七层，降幅 0.79%，下降不显著。

6.3　木质单板-碳纤维复合材料声学振动性能的综合分析

通过上述对不同碳纤维铺设方向与层数结构木质单板-碳纤维复合材料各声学振动指标的分析比较，可以得到碳纤维铺设方向与层数结构对木质单板-碳纤维复合材料声学振动性能的影响规律，并可得出各种铺设形式的木质单板-碳纤维复合材料声学振动性能的相对优劣。综合对比来看，0°、15°方向铺设的五层结构试件组和 0°、15°方向铺设的七层结构试件组，具有相对优异的声学振动性能表现，但其能否用作乐器音板用材料，仅仅进行同类材料间的横向对比是不可行的。为了探究碳纤维复合材料替代传统木材音板的可行性,本试验用桦木、泡桐的声学数据和课题组前期测定的美国西加云杉(表 6-12)的相关声学数据与本试验中的木质单板-碳纤维复合材料声学振动性能表现相对优秀的结构组分别进行了比较[24]。

表 6-12 不同木材各声学振动指标

木材种类	ρ(g/cm^3)	E(GPa)	E/ρ(GPa)	E/G	α(Pa·s/m)	R[m^4/(kg·s)]
美国西加云杉	0.432	11.22	25.97	20.14	2.20	11.90
泡桐	0.253	5.75	22.73	14.45	4.75	18.96
桦木	0.630	12.43	19.73	12.17	2.80	7.05

6.3.1 声学振动性能的比较

1. 密度的比较

比较木质单板-碳纤维复合材料与美国西加云杉、泡桐、桦木木材的密度,结果如图 6-23 所示。

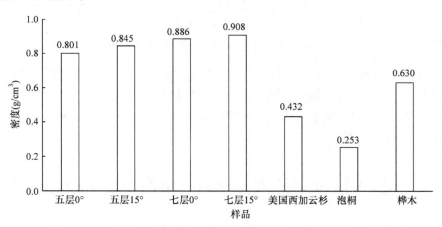

图 6-23 木质单板-碳纤维复合材料与乐器音板用木材的密度比较

从图 6-23 可以看出,木质单板-碳纤维复合材料的密度均要高于木质材料,四组木质单板-碳纤维复合材料的密度都在 0.8g/cm^3 以上,其中最低的为五层 0° 方向组的木质单板-碳纤维复合材料,其值为 0.801g/cm^3,接近美国西加云杉木材密度的 2 倍,超过我国民族乐器常用木材泡桐的 3 倍,与其组分桦木相比,也高出 27%,密度过高会导致振动效率指标的下降。

2. 比动弹性模量的比较

比较木质单板-碳纤维复合材料与美国西加云杉、泡桐、桦木木材的比动弹性
模量，结果如图 6-24 所示。

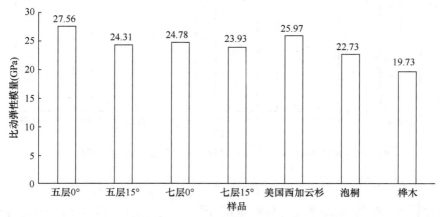

图 6-24　木质单板-碳纤维复合材料与乐器音板用木材的 E/ρ 比较

通过图 6-24 可以看出，无论是七层结构还是五层结构，小角度铺设的试件组
都具有媲美于美国西加云杉、泡桐的比动弹性模量。其中，五层结构 0°方向组的
比动弹性模量值 27.56GPa，甚至超过了美国西加云杉的比动弹性模量(25.97GPa)。
而桦木的比动弹性模量值(19.73GPa)最低，为五层 0°方向试件组比动弹性模量值
的 71.59%。虽然木质单板-碳纤维复合材料的密度比美国西加云杉的高，但是其
拥有极高的动弹性模量，因而木质单板-碳纤维复合材料的比动弹性模量略强于泡
桐，不比美国西加云杉的差。

3. E/G 值的比较

比较木质单板-碳纤维复合材料与美国西加云杉、泡桐、桦木木材的 E/G 值，
结果如图 6-25 所示。

从 E/G 值的比较(图 6-25)可知，五层结构 0°方向试件组的 E/G 值(29.89)具有
优异的表现，比乐器音板用材料中表现最好的美国西加云杉 E/G 值(20.14)高
48.41%，其更是远远超过了其组分材料桦木的 E/G 值(12.17)表现，其次分别为五
层结构 15°方向组、七层结构 0°方向组和七层结构 15°方向组。这说明，小角度铺
设的木质单板-碳纤维复合材料具有很好的振动频谱特性曲线的"包络线"特征，
其具有不俗的音色表现。同时，数据还显示，五层结构 15°方向组的 E/G 值高于
七层结构 0°方向组的 E/G 值，这表明层数结构对 E/G 值具有显著的影响。

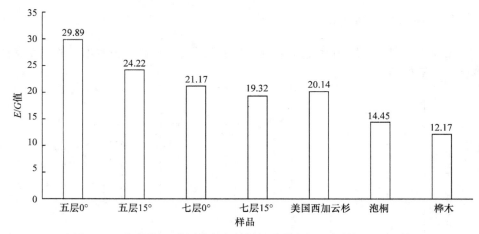

图 6-25　木质单板-碳纤维复合材料与乐器音板用木材的 E/G 比较

4. 声阻抗的比较

比较木质单板-碳纤维复合材料与美国西加云杉、泡桐、桦木木材的声阻抗值，结果如图 6-26 所示。

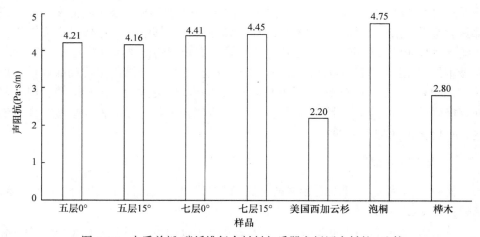

图 6-26　木质单板-碳纤维复合材料与乐器音板用木材的 ω 比较

从图 6-26 可以看出，木质单板-碳纤维复合材料声阻抗表现相对较差，复合材料对其组分材料桦木的声阻抗有所提高，这与其较大的刚度和较大的密度有关，从声阻抗公式 $\omega=(E \cdot \rho)^{1/2}$ 可知，材料的声阻抗与其密度和动弹性模量(即刚性)相关。从而可以看出，复合材料对桦木声学振动性能的改良存在着此消彼长的情况。但是数据还显示，这四组声学振动性能表现相对优异的木质单板-碳纤维复合材料组的声阻抗要高于泡桐，说明在用于乐器方面其声阻抗水平可以接受。与声学振动性能优异的美国西加云杉比较,木质单板-碳纤维复合材料表现相对较差,其中,复合材料中声阻抗表现较好的五层 15°方向组的声阻抗值比美国西加云杉声阻抗值(2.20Pa·s/m)高 89.09%,说明其振动频谱相位畸变已达到乐器用材料的水平,但与优质乐器材相比还有一定差距。

5. 声辐射品质常数的比较

比较木质单板-碳纤维复合材料与美国西加云杉、泡桐、桦木木材的声辐射品质常数,结果如图 6-27 所示。

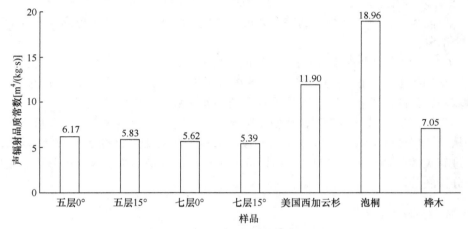

图 6-27　木质单板-碳纤维复合材料与乐器音板用木材的 R 比较

从声辐射品质常数这一参数来看(图 6-27),木质单板-碳纤维复合材料的表现亦不出色,其值甚至低于组分材料桦木,其中五层结构 0°方向的木质单板-碳纤维复合材料的声辐射品质常数值略高[6.17m⁴/(kg·s)],为美国西加云杉声辐射品质常数[11.90m⁴/(kg·s)]的 51.85%,泡桐的声辐射品质常数表现最好,是五层结构 0°方向组声辐射品质常数的 307.29%。这主要是因为碳纤维在增强桦木单板动弹性模量的同时也大幅度提高了复合材料的密度,而密度对声辐射品质常数影响极大,从而导致了复合材料声辐射品质常数下降。

6.3.2　木质单板-碳纤维复合材料声学振动性能的综合评价

用于表征材料声学振动性能的参数有密度、动弹性模量、比动弹性模量、声辐射品质常数、声阻抗、E/G 值、对数衰减系数、动力学损耗角正切以及 $\tan\delta E$ 等多种声学振动参数。单独比较各材料的各个声学振动性能指标有助于明确不同材料声学振动性能方面的具体差异。从上述分析比较可知,不同的材料在声学振动性能比较时,并不是所有声学振动性能指标都呈现同样的倾向,例如,五层结构木质单板-碳纤维复合材料 0°方向铺设的试件组虽然具有较高的比动弹性模量和 E/G 值，但与此同时它相较于五层结构木质单板-碳纤维复合材料的其他试件组具有表现相对较差的声阻抗性能。又如，碳纤维小角度铺设的试件组虽然具有媲美于乐器用木材的比动弹性模量和 E/G 值，但是其声阻抗和声辐射品质常数值表现却不如常见乐器用木材，甚至与其组分材料桦木相比还出现一定程度的下降，这些声学振动性能彼此相关又相互独立，各材料此长彼短的各项声学振动数据不利于准确比较这些材料的相对品质，而综合评价法可以将众多指标统一起来，它解决了不同参数指标之间不可公度的问题，可以把各个声学振动性能指标汇总到一起，对多个单位、多个指标同时进行评价，以科学比较不同试件声学振动性能的优劣。

目前为止，对于多指标的综合评价方法数不胜数，但是基本思路离不开如下两个部分。

(1) 提供为解决各指标间不可公度问题所采用的切实可行的无量纲化的方法。

(2) 构建一个用于度量评价对象的综合性能或综合水平的既反映每个指标价值取向，又能区别各个指标的重要程度的多元函数，即构建价值函数。

为使评价结果科学合理，在使用综合评价法时，需提供多个备选评价方案，并从中选出较优方案[25]。关于乐器音板用材料声学振动性能的综合评价，前人已做过有关的分析研究[24,26,27]，所用评价方法有：综合坐标法、综合评分法和主成分分析法等。

1. 综合评分法

综合评分法是根据不同指标的评价标准先对各指标进行评分，然后加权求和得到总分的评价方法。它是在试验的基础上提出的综合评价材料声学振动性能的方法。该方法在以 60 分为最低分、100 分为最高分的基础上进行，并根据实际应用中参数指标的重要程度对性能指标配以各自权重因子，以加权所得的总分确定材料声学振动性能的相对优劣。综合评分值越高，材料的声学振动性能越好。

综合评分法的价值函数构建如下。

(1) 将测得的数据列为指标矩阵 $(a_{ij})_{m \times n}$，其中 a_{ij} 表示第 i 组数据的第 j 个指标的坐标值 $(i=1,2,\cdots,m; j=1,2,\cdots,n)$。

(2) 将各个指标的最小值 $X_{\min}$ 定为 60 分，最大值 $X_{\max}$ 定为 100 分，则：
正向贡献因子为

$$b_{ij}=60+(a_{ij}-X_{\min})\times 40/(X_{\max}-X_{\min}) \quad (i=1,2,\cdots,m) \tag{6-4}$$

负向贡献因子为

$$b_{ij}=60+(X_{\max}-a_{ij})\times 40/(X_{\max}-X_{\min}) \quad (i=1,2,\cdots,m) \tag{6-5}$$

(3) 加权求和的综合评分值 P_i 为

$$P_i = \sum K_j \times b_{ij} \quad (j = 1, 2, \cdots, n) \tag{6-6}$$

式中：P_i——综合评分值；K_j——权重因子；b_{ij}——i 组 j 指标的得分值。

　　由本试验实际情况和前人的研究成果，选取声学参数指标比动弹性模量、E/G 值、声阻抗和声辐射品质常数作为因子，用综合评分法将上述不同结构、不同层数的材料与常用乐器音板用材料美国西加云杉作比较。权重因子根据各项性能指标对材料声学振动性能影响程度的大小来定，其具体情况见文献[24,26]，大小见表 6-13，其中声阻抗以负向贡献因子带入计算。

表 6-13　五项性能指标的权重因子

性能指标	权重因子
ρ	0.13
E/ρ	0.40
E/G	0.20
ω	0.07
R	0.20

　　各指标评分的计算方法见式(6-4)、式(6-5)，评分值见表 6-14。

表 6-14　不同试件各指标评分

试样编号	ρ 评分	E/ρ 评分	E/G 值评分	ω 评分	R 评分	综合评分值
五层 0°	68.1	100.0	100.0	68.6	65.3	86.71
五层 15°	65.5	86.5	87.4	69.2	63.3	78.10
五层 30°	65.3	75.9	77.4	72.4	62.3	71.85
五层 45°	66.3	64.1	70.9	77.8	61.6	66.22
五层 60°	65.1	63.3	75.7	76.6	61.1	66.50
五层 75°	65.6	60.8	71.6	78.2	61.1	64.84
五层 90°	64.9	75.3	73.0	72.1	62.2	70.63
五层双向	64.1	72.4	98.3	72.2	61.7	74.36
七层 0°	63.1	88.5	80.6	65.3	62.7	76.82
七层 15°	61.9	85.0	76.4	64.8	62.0	74.26
七层 30°	60.5	71.2	69.1	68.2	60.6	67.05
七层 45°	63.1	64.2	64.0	74.0	60.7	64.00
七层 60°	64.0	63.4	61.3	75.3	60.8	63.37
七层 75°	61.9	60.0	63.0	74.3	60.0	61.84
七层 90°	63.1	63.4	60.0	74.3	60.6	62.87
七层双向	60.0	69.8	73.8	68.1	60.4	67.32
美国西加云杉	89.6	93.4	78.3	100.0	80.2	87.72
泡桐	100.0	80.0	65.6	60.0	100.0	82.31
桦木	78.0	67.5	60.5	90.6	66.7	68.95

从表 6-14 可以看出，美国西加云杉的评分最高，为 87.72。其次为五层结构 0°方向组 86.71，泡桐的评分 82.31 略低于五层结构 0°方向组。表现最差的为七层结构 75°方向组试件，其评分仅为 61.84。桦木的声学振动性能综合评分也较差，为 68.95。从综合评分信息可知，五层 0°方向结构组的声学振动性能表现虽不如美国西加云杉，但相差不多，且略微领先于泡桐的综合评分。依据综合评分值得出的前七名材料组分别为：美国西加云杉(87.72)＞五层 0°木质单板-碳纤维复合材料(86.71)＞泡桐(82.31)＞五层 15°木质单板-碳纤维复合材料(78.10)＞七层 0°木质单板-碳纤维复合材料(76.82)＞五层双向木质单板-碳纤维复合材料(74.36)＞七层 15°木质单板-碳纤维复合材料(74.26)。

2. 综合坐标法

综合坐标法是在试验基础上提出来的适用于材料声学振动性能评价的方法，其以材料各项性能参数的坐标指数为基础，根据实际需要赋予各性能指标相应的权重，与综合评分法的结果评比相反，这种方法最后加权所得的综合坐标值越低，材料的综合性能就越好[27]。

综合坐标法详细步骤如下。

(1) 将测得的数据列为指标矩阵$(a_{ij})_{m \times n}$，其中 a_{ij} 表示第 i 组数据的第 j 个指标的坐标值($i=1,2,\cdots,m$; $j=1,2,\cdots,n$)。

(2) 每项指标都和参与比较的所有对象的最大该指标值进行比较，得出相应的坐标值：

$$b_{ij}=a_{ij}/\max a_{ij} \quad (i=1,2,\cdots,m) \tag{6-7}$$

(3)计算距离平方值 p_i^2：

$$p_i^2 = \sum K_j(1-b_{ij})^2 \quad (j=1,2,\cdots,n) \tag{6-8}$$

式中：p_i——坐标综合评定值；K_j——权重因子。

综合评定值越低，各项指标综合水平越好。在用此方法对上述材料进行评价时，各指标的权重因子与综合评分法取值相同，声阻抗以负向贡献因子代入计算，各材料综合坐标值见表 6-15。

表 6-15　各指标的综合坐标评定值

材料编号	ρ坐标值	E/ρ坐标值	E/G坐标值	ω坐标值	R坐标值	综合坐标评定值
五层 0°	0.85	1.00	1.00	0.89	0.35	0.088
五层 15°	0.90	0.88	0.81	0.88	0.31	0.109
五层 30°	0.90	0.79	0.66	0.83	0.29	0.141

续表

材料编号	ρ坐标值	E/ρ坐标值	E/G坐标值	ω坐标值	R坐标值	综合坐标评定值
五层 45°	0.88	0.69	0.56	0.76	0.28	0.180
五层 60°	0.91	0.68	0.63	0.78	0.27	0.173
五层 75°	0.90	0.66	0.57	0.76	0.27	0.189
五层 90°	0.91	0.78	0.59	0.84	0.29	0.153
五层双向	0.92	0.76	0.97	0.84	0.28	0.127
七层 0°	0.94	0.90	0.71	0.93	0.30	0.120
七层 15°	0.97	0.87	0.65	0.94	0.28	0.134
七层 30°	0.99	0.75	0.54	0.89	0.26	0.178
七层 45°	0.94	0.69	0.46	0.81	0.26	0.206
七层 60°	0.93	0.68	0.42	0.79	0.26	0.215
七层 75°	0.97	0.65	0.44	0.81	0.25	0.222
七层 90°	0.94	0.68	0.40	0.81	0.26	0.221
七层双向	1.00	0.74	0.61	0.89	0.25	0.170
美国西加云杉	0.46	0.94	0.67	0.46	0.63	0.068
泡桐	0.27	0.82	0.48	1.00	1.00	0.135
桦木	0.67	0.72	0.41	0.59	0.37	0.184

从表 6-15 可知，声学振动性能综合坐标评定值最低的依然为美国西加云杉，其综合坐标评定值为 0.068；其次是五层结构 0°方向组，其综合坐标评定值为 0.088；五层结构 15°方向组声学振动性能综合坐标评定值为 0.109，仅次于五层结构 0°方向组试件。按照综合坐标评定值，前七名分别为：美国西加云杉(0.068)、五层 0°木质单板-碳纤维复合材料(0.088)、五层 15°木质单板-碳纤维复合材料(0.109)、七层 0°木质单板-碳纤维复合材料(0.120)、五层双向木质单板-碳纤维复合材料(0.127)、七层 15°木质单板-碳纤维复合材料(0.134)、泡桐(0.135)。由综合坐标法得出的排名结果与综合评分法所得出的排名结果基本一致，只有在泡桐的相对排名上略有不同。从两种综合评价方法的对比中还可以发现，双向碳纤维布五层结构木质单板-碳纤维复合材料优于七层结构 15°方向组的综合声学振动性能。

6.4　本　章　小　结

本章针对木质单板-碳纤维复合材料的制备工艺、声学振动性能展开研究，得出以下结论。

(1) 通过单因素试验、响应面回归模型建立，得出木质单板-碳纤维复合材料的优化工艺参数为：单位压力 1MPa、冷压时间 22h、施胶量 200g/m²。优化工艺的实测值与预测值间的偏差率均小于 5%。

(2) 复合材料的比动弹性模量、E/G 值、动力学损耗角正切、声辐射品质常数、材料传声速度随碳纤维铺设角度的增加，指标值逐渐变差。而声阻抗随着铺设角度的增加缓慢加强。其中，比动弹性模量和 E/G 值的变化最为显著。

(3) 通过相同铺设角度不同层数结构试件组的对比可知，层数结构对木质单板-碳纤维复合材料声学振动性能的影响主要表现在比动弹性模量、E/G 值、声阻抗和声辐射品质常数，其性能随层数的增加都有不同程度的下降，其中 E/G 值的下降最为显著。总体而言，小角度铺设的五层结构和七层结构都具有不错的声学振动性能。

(4) 将木质单板-碳纤维复合材料与美国西加云杉、泡桐木材的声学振动性能进行比较得出，木质单板-碳纤维复合材料因密度较大，其声阻抗和声辐射品质常数相比于常见乐器用木材表现较差，但由于其出色的动弹性模量，其比动弹性模量和 E/G 值表现较为出色。从总体振动性能而言，木质单板-碳纤维复合材料的声学振动性能与乐器音板用材料差距不大，在适当的工艺条件下，小角度铺设的木质单板-碳纤维复合材料在乐器替代材料领域具有广阔的前景。

参 考 文 献

[1] Traoré B, Brancheriau L, Perré P, et al. Acoustic quality of Vène wood (*Pterocarpus erinaceus* Poir.) for xylophone instrument manufacture in Mali[J]. Annals of Forest Science, 2010, 67(8):815.

[2] Islam M S, Hamdan S, Rahman M R, et al. Dynamic Young's modulus and dimensional stability of Batai tropical wood impregnated with polyvinyl alcohol[J]. Journal of Scientific Research, 2010, (2): 227-236.

[3] 贾东宇. 高温热处理对杉木声学性能的影响[D]. 北京: 北京林业大学, 2010.

[4] Brémaud I, Amusant N, Minato K, et al. Effect of extractives on vibrational properties of African Padauk (*Pterocarpus soyauxii*, Taub.)[J]. Wood Science & Technology, 2011, 45(3):461-472.

[5] Roobnia M, Kobantorabi M, Tajdini A. Maple wood extraction for a better acoustical performance[J]. European Journal of Wood & Wood Products, 2015, 73(1):139-142.

[6] 张莉, 赵尘, 朱少云. 预载作用下碳纤维布加固木梁抗弯性能试验[J]. 林业工程学报, 2011, 25(5):50-54.

[7] 钟伟, 王洁, 郑敏, 等. 增强型杨木单板层积材力学性能分析[J]. 林业工程学报, 2015, 29(3):93-96.

[8] 杨保钸, 贺绍均, 王丰, 等. 杉木集成材薄板制备电热地板的热工性能[J]. 林业工程学报, 2016, 1(1):46-50.

[9] Yarigarravesh M, Toufigh V, Mofid M. Environmental effects on the bond at the interface between

FRP and wood[J]. European Journal of Wood & Wood Products, 2017(4):1-12.

[10] Kada D, Migneault S, Tabak G, et al. Physical and mechanical properties of polypropylene-wood-carbon fiber hybrid composites[J]. BioResources, 2015, 11(1):1393-1406.

[11] Lv M, Sun J L. Effect of vibration characteristics for carbon fiber composite materials on musical instruments making[J]. Applied Mechanics & Materials, 2014, 508:66-69.

[12] 杨小军. CFRP-木材复合材界面力学特性研究[D]. 南京: 南京林业大学, 2012.

[13] 类成帅. 阻燃处理对杨木胶合板甲醛和 VOC 释放影响的研究[D]. 哈尔滨: 东北林业大学, 2014.

[14] 王涛, 颜明, 郭海波. 一种新的回归分析方法——响应曲面法在数值模拟研究中的应用[J]. 岩性油气藏, 2011, 23(2): 100-104.

[15] 王宇, 魏献忠, 邵莲芬. 路堑边坡锚固防护参数的响应面优化设计[J]. 长江科学院院报, 2011, 28(7): 19-23.

[16] 胡建鹏, 郭明辉. 木纤维-木质素磺酸铵-聚乳酸复合材料的工艺优化与可靠性分析[J]. 北京林业大学学报, 2015, 37(1): 115-121.

[17] Sang K L, Kim M W, Park C J, et al. Effect of fiber orientation on acoustic and vibration response of a carbon fiber/epoxy composite plate: Natural vibration mode and sound radiation[J]. International Journal of Mechanical Sciences, 2016, 117: 162-173.

[18] Gunji T, Obataya E, Yamauchi H, et al. A novel method for the reinforcement of harp soundboard[J]. Journal of Wood Science, 2012, 58(4): 369-372.

[19] 周恒香, 顾良娥, 尚武林, 等. 碳纤维在乐器领域中的应用[J]. 纺织报告, 2015(11):62-66.

[20] 刘磊. 层合结构复合材料构件振动特性分析方法研究[D]. 南京: 南京航空航天大学, 2011.

[21] 马丽娜. 木材构造与声振性质的关系研究[D]. 合肥: 安徽农业大学, 2005.

[22] 沈隽, 刘一星, 刘镇波, 等. 纤丝角对云杉属木材声振动特性的影响[J]. 东北林业大学学报, 2002, 30(5): 50-52.

[23] 刘一星, 赵广杰. 木质资源材料学[M]. 北京: 中国林业出版社, 2004.

[24] 刘镇波. 云杉木材共振板的振动特性与钢琴声学品质评价的研究[D]. 哈尔滨: 东北林业大学, 2007.

[25] 秦寿康. 综合评价原理与运用[M]. 北京: 电子工业出版社, 2003:7-21.

[26] 沈隽. 云杉属木材构造特征与振动特性参数关系的研究[D]. 哈尔滨: 东北林业大学, 2001.

[27] 刘镇波, 沈隽, 刘一星, 等. 实际尺寸乐器音板用云杉属木材的声学振动特性[J]. 林业科学, 2007, 43(8): 100-105.

第7章　木质单板-玻璃纤维复合材料的
声学振动性能研究

上一章针对木质单板-碳纤维复合材料的声学振动性能展开研究，玻璃纤维和碳纤维都是非金属材料，具有机械强度高、耐高温、耐腐蚀等特点，玻璃纤维还具有拉伸强度高、价格便宜、密度低及耐水性能好等优点。玻璃纤维是一种性能优异的无机非金属材料，主要成分为二氧化硅、氧化镁等多种氧化物，是通过石英砂、石灰石等矿石原料按照一定比例并且经过高温熔融、拉丝等多个工艺步骤制备的[1]。Ono 等曾用玻璃纤维、碳纤维和轻质硬聚氨酯泡沫材料制成了一种单向纤维增强复合材料，并将其与西加云杉的振动特性、频率响应特性进行比较[2]。伊朗学者 Jalili 等采用拉挤成型方法分别用碳纤维、玻璃纤维、大麻纤维制备了三种不同类型的复合材料，并与伊朗传统乐器木材试样进行了比较，结果表明，玻璃纤维增强复合材料可作为一种合适的替代材料运用在乐器材料中[3]。桦木树种木材具有力学强度大、富有弹性、生长轮明显、切面光滑平整、胶合性能好等特点[4]。本章从木质单板-玻璃纤维复合材料的复合工艺及复合形式着手，探究不同复合工艺及复合形式对木质单板-玻璃纤维复合材料振动声学性能的影响，寻求适合做乐器音板用材料的复合形式。

7.1　木质单板-玻璃纤维复合材料复合制备工艺研究

制备工艺是影响复合材料性能的重要因素，其同样影响复合材料的声学振动性能[5]。为寻找木质单板-玻璃纤维复合材料最优制备工艺条件，使复合材料的声学振动性能达到最优，试验在利用单因素分析法探讨了主要工艺因子对复合材料声学振动性能的影响规律的基础上，再应用响应面分析法设计试验方案，建立主要工艺因子与复合材料声学振动性能指标的二次回归模型，并对回归模型进行多指标的可靠性分析，优化得出木质单板-玻璃纤维复合材料的制备工艺参数，为木质单板-玻璃纤维复合材料声学振动性能的进一步研究奠定基础。

7.1.1　试验材料与方法

1. 试验材料

桦木单板：选取纹理较好，双面光洁，无节子和裂痕的优质桦木单板，购自山东省平邑盛达木业有限公司，原始尺寸大小：450mm×450mm×1.45mm，加工后尺寸：220mm×450mm×1.45mm，平衡含水率：10%～12%。

中碱玻璃纤维布：厚度0.15mm，密度2.4g/cm³，纤维直径5～20μm，购自安徽省旌德县南关玻纤厂。

胶黏剂：中高温环氧树脂AB胶E-44，购自广东珠江化工涂料有限公司，A胶：环氧值0.41～0.47mol/100g，B胶：EP固化剂。

2. 试验仪器

试验所需的设备仪器如下：

50t预压机：3kW，哈尔滨市东大人造板设备制造有限公司；

100t实验热压机：18W，哈尔滨市东大人造板设备制造有限公司；

精密裁板锯：MJ-90，沈阳宝山木工设备厂；

电热恒温鼓风干燥箱：DHG-9140A，上海益恒实验仪器有限公司；

数控恒温水浴锅：W202B，上海申胜生物技术有限公司。

3. 玻璃纤维布的预处理

玻璃纤维布表面铺有蜡和油脂层，首先需要对玻璃纤维布进行脱蜡和脱油脂处理，以增大玻璃纤维布表面粗糙程度，一是有利于环氧树脂与玻璃纤维表面产生联锁作用；二是便于二氧化硅和偶联剂进行反应提高玻璃纤维布和桦木单板的胶接强度。

(1) 玻璃纤维布表面脱蜡处理：将玻璃纤维布裁成220mm×450mm，把玻璃纤维布放入加有洗衣粉的水浴锅中加热2.5h后，用自来水冲洗干净，用干燥箱烘干备用。

(2) 玻璃纤维布偶联剂处理：配制浓度为1.0%的硅烷偶联剂水溶液，再将玻璃纤维布浸泡在硅烷偶联剂水溶液10min后，取出放入干燥箱烘干备用。

4. 木质单板-玻璃纤维复合材料的制备方法

桦木单板和玻璃纤维布以单板层积材方式进行复合，复合方式如图7-1所示。

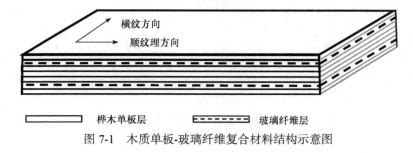

图7-1　木质单板-玻璃纤维复合材料结构示意图

5. 复合材料声学振动性能测试

见 2.1.2 节中的测量方法。

7.1.2　单因素试验设计与结果分析

1. 单因素试验设计

通过单因素试验设计原理，探究热压温度、热压压力、施胶量对桦木单板-玻璃纤维复合材料声学振动性能的影响规律。在试验过程中，除试验因子外，选取热压时间 25min、热压温度 100℃、热压压力 1.2MPa、施胶量 200g/m² 作为固定因子，单因素设计方案如表 7-1 所示。

表 7-1　单因素试验设计

因子	水平						
	1	2	3	4	5	6	7
热压温度(℃)	60	70	80	90	100	110	120
热压压力(MPa)	0.6	0.8	1.0	1.2	1.4	1.6	1.8
施胶量(g/m²)	140	160	180	200	220	240	—

2. 热压温度对声学振动性能的影响

热压温度对复合材料声学振动性能的影响如图 7-2 所示。

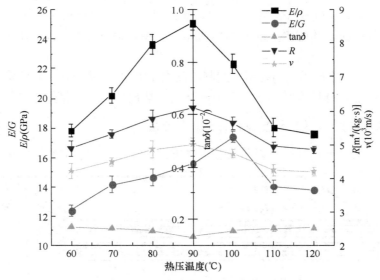

图 7-2　热压温度对复合材料声学振动性能的影响

从图 7-2 中可知，随着热压温度的增加，复合材料的 E/ρ、E/G、R、v 存在先增大后减小的变化趋势，而 $\tan\delta$ 随热压温度的增加先减少后增大。当热压温度为 90℃时，E/ρ、R、$\tan\delta$、v 存在最优值，分别为 25.09GPa、6.09m⁴/(kg·s)、0.0013 和 5008.5m/s，而 E/G 值在热压温度为 100℃时，达到最优值，为 17.39。热压温度对复合材料的声学振动性能影响显著，当热压温度从 60℃增加到 90℃时，E/ρ、E/G、R、v 分别增加了 40.84%、40.33%、24.74%、18.68%，而 $\tan\delta$ 减少了 21.95%。热压温度从 90℃增加到 100℃时，E/ρ、R、v 分别减少 29.89%、20.52%、16.27%，而 E/G、$\tan\delta$ 分别增加了 20.85%、28.12%。因此，热压温度对复合材料的声学振动性能有影响。本实验室使用的环氧树脂胶黏剂属于热固性。热压温度直接影响胶黏剂的固化率和复合材料的塑性[6]。加热温度过低，中心层单板达到环氧树脂热固的温度不足，引起胶黏剂固化不完全，影响复合材料的动弹性模量。加热温度过长同样也会导致复合材的声学振动性能下降，原因可能是：在较高温条件下，木材表面会出现热分解，木材纤维素大分子分解甚至出现木材炭化从而减低其力学性能[7,8]。

3. **热压压力对声学振动性能的影响**

热压压力也是影响复合材料声学振动性能的重要因素，影响结果如图 7-3 所示。

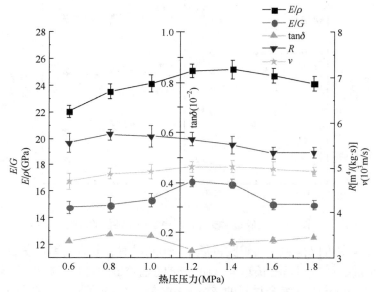

图 7-3　热压压力对复合材料声学振动性能的影响

从图 7-3 中可知，复合材的 E/ρ、E/G、R、v 都随压力的增大呈先增大后减小的趋势，tanδ 随压力增大呈先减小后增大的趋势。在热压压力为 1.4MPa 时，E/ρ、v 分别存在最优值 25.24GPa 和 5024m/s，E/G 值和 tanδ 的最优值 16.75 和 0.0013 都在热压压力为 1.2MPa 时达到，而 R 在压力为 0.8MPa 时达到的最优值为 5.74m⁴/(kg·s)。是这主要因为在板坯加热过程中，施加的热压压力影响单板之间的接触面积、板的厚度、板的密度、胶层厚度和单板之间胶的传递能力[9]。随着压力的增大，更多的胶黏剂可以渗透到桦木内部并且单板之间缝隙减小，单板和玻璃纤维布之间胶合强度增加，提高了复合材的动弹性模量及力学性能。由于本实验在热压过程中没有放置厚度规，当热压压力继续增大时，复合材料厚度降低使复合材料的密度大大增加，密度的大幅度增加不利于复合材料声学振动性能的提高。当压力过大甚至超过单板的抗压强度时，木材会被压溃，会导致复合材料声学振动性能大幅度下降。

4. 施胶量对声学振动性能的影响

施胶量是复合材料生产工艺的重要因素，分析施胶量对复合材料声学振动性能的影响，结果如图 7-4 所示。

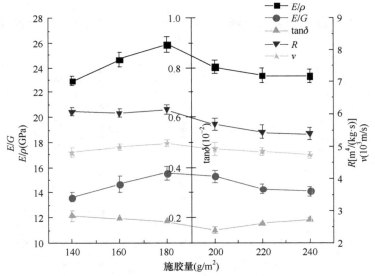

图 7-4　施胶量对复合材料声学振动性能的影响

从图 7-4 中可以得到，当施胶量低于 180g/m² 时，复合材料的 E/ρ、E/G 值、v 随着施胶量的增加都呈增长趋势，而 tanδ 随施胶量的增加呈减少的趋势，当施胶量大于 200g/m² 时，复合材料的 E/ρ、E/G 值、R、v 都随着施胶量的增加呈减少的趋势，tanδ 随施胶量的增加呈增大的趋势。当施胶量为 180g/m² 时，复合材料的 E/ρ、E/G 值、R、v 均存在最优值，分别为 25.88GPa、15.57、6.02m⁴/(kg·s)、

5087m/s，tanδ 在施胶量为 200g/m^2 时存在最优值(0.0015)。施胶量过少容易出现缺胶断层现象，使单板和施胶量玻璃纤维之间胶合不紧密，胶黏剂渗透不充分，降低复合材料的动弹性模量。而施胶量过多，使胶层增厚，削弱复合的胶合强度，并且大大增加复合材料的密度，不利于复合材料的声学振动[10]。

7.1.3　响应面优化实验结果与分析

1. Box-Behnken 实验设计及结果

为了优化复合材料的声学振动性能的制备工艺，寻找最佳的工艺参数，以 Design Expert 8.0.6 为分析软件，根据 Box-Behnken design 设计试验[11]，以复合材料的 E/ρ、E/G、R、tanδ、v 为响应指标，以热压温度、热压压力、施胶量为实验因子。在单因素实验的基础上，设计了 3 因素 3 水平的响应面试验方案。在实验中以−1、0、1 为实验因子的水平，各变量的 0 水平皆选取单因素实验的最佳值。实验因素水平见表 7-2，响应面设计方案和实验结果见表 7-3。

表 7-2　响应面实验设计因素和水平表

水平	因素		
	热压温度 A (min)	热压压力 B (MPa)	施胶量 C (g/m^2)
−1	90	1.0	160
0	100	1.3	180
1	110	1.6	200

表 7-3　响应面设计及实验结果

序号	因素			E/ρ(GPa)	E/G	R [m^4/(kg·s)]	tanδ (10^{-2})	v (m/s)
	热压温度 A(℃)	热压压力 B(MPa)	施胶量 C (g/m^2)					
1	90	1.3	180	25.72	18.36	6.25	0.123	5071.49
2	100	1.3	200	20.75	12.79	4.88	0.259	4555.22
3	80	1.3	160	20.12	13.28	5.74	0.223	4485.53
4	80	1.0	180	19.86	13.12	5.46	0.220	4456.46
5	90	1.0	200	19.78	13.03	5.38	0.239	4447.47
6	100	1.3	160	17.59	10.61	4.88	0.250	4194.04
7	90	1.3	180	25.83	18.65	6.31	0.125	5082.32
8	90	1.6	200	20.65	12.01	4.74	0.273	4544.23
9	90	1.0	160	19.87	12.63	5.56	0.236	4457.58
10	100	1.0	180	18.82	11.97	5.22	0.248	4338.20
11	90	1.6	160	17.73	10.56	5.13	0.240	4210.70

序号	因素			E/ρ(GPa)	E/G	R [m⁴/(kg·s)]	$\tan\delta$ (10⁻²)	v (m/s)
	热压温度 A(℃)	热压压力 B(MPa)	施胶量 C (g/m²)					
12	90	1.3	180	26.67	18.12	6.36	0.122	5164.30
13	90	1.3	180	26.36	18.87	6.49	0.128	5134.20
14	80	1.6	180	19.25	11.01	5.07	0.239	4387.48
15	80	1.3	200	19.89	11.96	4.98	0.255	4459.82
16	100	1.6	180	18.05	11.03	5.03	0.252	4248.53
17	90	1.3	180	26.05	18.65	6.34	0.121	5103.92

2. 工艺因子对比动弹性模量 E/ρ 的影响

1) 回归方程的建立

通过响应面软件对复合材料的 E/ρ 的测试结果进行回归拟合，经二次优化，剔除对响应值模型影响不显著的因素，得到复合材料的 E/ρ 的回归方程为

$$Y_{E/\rho}=26.13-0.49A-0.33B+0.72C-0.04AB+0.85AC+0.75BC-3.53A^2-3.61B^2-3.01C^2$$

$$(7\text{-}1)$$

为了检验响应值模型的可靠性，对复合材料的 E/ρ 的二次回归模型进行显著性检验和方差分析，分析结果见表 7-4。从表中可以看出：E/ρ 的响应面回归模型的决定系数平方 $R^2=0.9963$，模型的 $P<0.0001$，表明响应值和模型存在极显著关系，也说明实验方法可靠，建立的模型具有可信度[12]。失拟项 $P=0.9588$，失拟项不显著，说明未知因素对实验干扰很小，残差由随机误差引起。同时，失拟项的 $F=0.095$，F 值越小，表示方程拟合度越高。信噪比(adeq precision)表示信号和噪声的比例，可以反映回归模型的预测程度，信噪比值越大，说明模型的预测程度越高。E/ρ 的模型的信噪比(36.710＞4)说明该模型可用于预测[13]。

表 7-4　E/ρ 的响应面模型方差分析

方差来源	平方和	自由度	均方	F	P	显著性
模型	174.32	9	19.37	207.85	＜0.0001	**
A	1.91	1	1.91	20.51	0.0027	**
B	0.88	1	0.88	9.42	0.0181	*
C	4.15	1	4.15	44.51	0.0003	**
AB	6.40×10^{-3}	1	6.40×10^{-3}	0.069	0.8008	—
AC	2.87	1	2.87	30.83	0.0009	**
BC	2.27	1	2.27	24.31	0.0017	**

续表

方差来源	平方和	自由度	均方	F	P	显著性
A^2	52.33	1	52.33	561.61	<0.0001	**
B^2	54.74	1	54.74	587.38	<0.0001	**
C^2	38.22	1	38.22	410.19	<0.0001	**
残差	0.65	7	0.093			
失拟项	0.043	3	0.014	0.095	0.9588	—
纯误差	0.61	4	0.15			
总和	174.97	16				

$R^2=0.9963$；信噪比=36.710

注：*表示差异显著($P<0.05$)；**表示差异极显著($P<0.01$)；—表示不显著。

2) 因素的主次分析

从 E/ρ 的响应面模型方差中可以看出，因素所对应的 P 值越小，F 值越大，说明该因素对综合分值的影响效果越显著[14]。通过比较模型中的 P 值可知，B 为显著因素，其 P 值都小于 0.05，A、C、AC、BC、A^2、B^2、C 都为极显著因素($P<$ 0.01)，说明热压温度、热压压力、施胶量对桦木单板-玻璃纤维复合材料的 E/ρ 有显著影响，通过响应值的模型的 P 值和 F 值可以判断实验因子对模型的影响关系：施胶量 $C>$ 热压温度 $A>$ 热压压力 B。

3) 因素的交互作用分析

从模型方差分析结果中可以看出，除了 AB 交互项($P=0.8008>0.05$)为不显著，AC 交互项($P=0.0009<0.01$)和 BC 交互项($P=0.0017<0.01$)交互作用均为显著。根据回归分析结果做出相应的响应面图及其等高线图，结合这两幅图不仅可以分析出试验因素对响应值的影响显著程度，还可分析响应值对不同实验因素的敏感程度[15]。图 7-5 为热压温度和热压压力以及热压压力和施胶量对复合材料 E/ρ 交互作用的 3D 图和等高线图。3D 图中曲线越陡峭，表明该实验因素对响应值影响越显著，而在二维等高线图中，等高线呈椭圆且离心率越大，表明两因素交互作用越显著[16]。

从图 7-5 可以看出，响应曲线模型在试验条件的范围内存在稳定点，稳定点即优化预测值点。这说明热压温度(A)和热压压力(B)以及热压压力(B)和施胶量(C)对复合材料的交互显著，这与试验的方差分析结果一样。

4) E/ρ 最优值的工艺参数取值

以复合材料 E/ρ 为响应指标，寻求工艺参数最优组合，在各因素的取值范围内，通过 Design Expert 软件优化得出最优工艺方案结果为：热压温度 89.43℃，热压压力 1.29MPa，施胶量 182.15g/m²，此条件下复合材料 E/ρ 达到 26.184GPa。

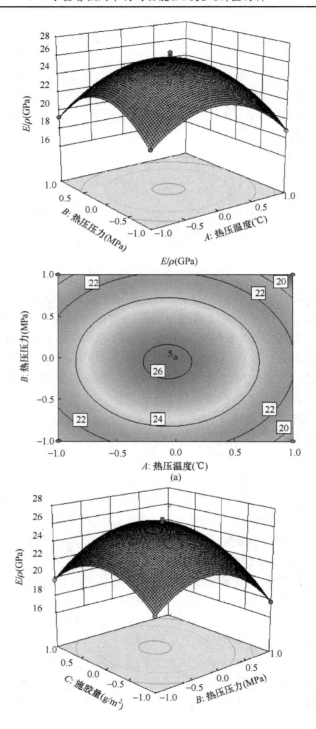

(a)

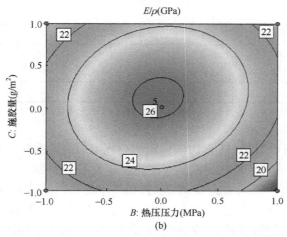

图 7-5　试验因素对复合材料 E/ρ 影响的 3D 响应面和等高线图

3. 工艺因子对 E/G 的影响

1) 回归方程的建立

通过响应面软件对复合材料的 E/G 的测试结果进行二次多项式回归拟合，经二次优化，剔除对模型影响不显著的因素，得到复合材料 E/G 的回归方程为

$$Y_{E/G}=18.53-0.37A-0.77B+0.34C+0.29AB+0.88AC+0.26BC-3.32A^2-3.43B^2-3.05C^2$$

(7-2)

为了检验模型的可靠性和有效性，对 E/G 的二次回归模型进行方差分析和显著性检验，分析结果见表 7-5。

表 7-5　E/G 的响应面模型方差分析

方差来源	平方和	自由度	均方	F	P	显著性
模型	161.22	9	17.91	237.88	<0.0001	**
A	1.10	1	1.10	14.64	0.0065	**
B	4.71	1	4.71	62.58	<0.0001	**
C	0.92	1	0.92	12.19	0.0101	*
AB	0.34	1	0.34	4.54	0.0705	—
AC	3.06	1	3.06	40.67	0.0004	**
BC	0.28	1	0.28	3.66	0.0973	—
A^2	46.48	1	46.48	617.24	<0.0001	**
B^2	49.39	1	49.39	655.91	<0.0001	**
C^2	39.10	1	39.10	519.29	<0.0001	**
残差	0.53	7	0.075			
失拟项	0.19	3	0.062	0.73	0.5877	—

续表

方差来源	平方和	自由度	均方	F	P	显著性
纯误差	0.34	4	0.085			
总和	161.74	16				

R^2=0.9967；信噪比=37.797

注：*表示差异显著($P<0.05$)；**表示差异极显著($P<0.01$)；—表示不显著。

从表 7-5 中可以看出，E/G 的响应面回归模型的决定系数平方 R^2=0.9967，模型的 $P<0.0001$，表明响应值和模型存在极显著关系，也说明实验方法可靠，建立的模型具有可信度。失拟项 P=0.5877，失拟项不显著，说明未知因素对实验干扰很小，残差由随机误差引起，同时，失拟项的 F=0.73，F 值越小，表示方程拟合度越高。E/G 的模型的信噪比(37.797>4)说明该模型可用于预测。

2) 因素的主次分析

通过比较各因素的 P 值和 F 值可判断各因素的显著情况。从表 7-5 中的 P 值可知，A、B、C、AC、A^2、B^2、C^2 的 P 值(<0.05)都为显著因素，说明热压温度、热压压力、施胶量对复合材的 E/G 值均有影响。综合考虑 P 值和 F 值，可以判断实验因子对模型的影响关系：热压温度 A>施胶量 C>热压压力 B。

3) 因素的交互作用分析

从模型方差分析结果中可以看出，除了 AC 交互项(P=0.0004<0.01)为交互显著，AB 交互项(P=0.0705>0.05)和 BC 交互项(P=0.0973>0.05)交互作用均为不显著。根据回归分析结果做出相应的响应面图及其等高线图，图 7-6 为热压温度、施胶量 2 个试验因素对复合材料 E/G 值的交互作用 3D 图和等高线图。

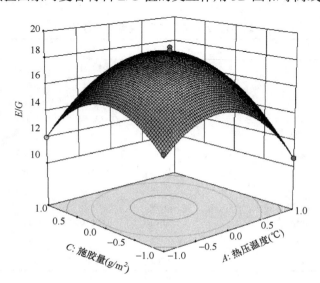

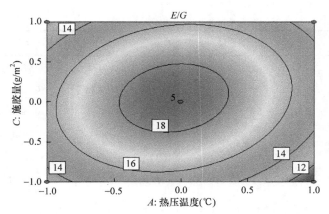

图 7-6　试验因素对复合材料 E/G 影响的 3D 响应面和等高线图

从图 7-6 中可以看出，AC 两因素的交互较显著，3D 图存在最高点，说明各试验因素选择合理。响应曲线模型在试验条件的范围内存在稳定点，稳定点即优化预测值点。

4) E/G 最优值的工艺参数取值

以复合材料 E/G 为响应指标，寻求工艺参数最优组合，在各因素的取值范围内，通过 Design Expert 软件优化得出最优工艺方案结果为：热压温度 89.45℃，热压压力 1.27MPa，施胶量 180.85g/m²，此条件下复合材料的 E/G 值理论值可达到 18.590。

4. 工艺因子对声辐射品质常数 R 的影响

1) 回归方程的建立

通过响应面软件对复合材料声辐射品质常数的测试结果进行二次多项式回归拟合，剔除对模型影响不显著的因素，得到声辐射品质常数的回归方程为

$$Y_R = 6.35 - 0.15A - 0.21B - 0.17C + 0.051AB + 0.19AC - 0.053BC - 0.62A^2 - 0.54B^2 - 0.61C^2$$

$$(7\text{-}3)$$

为了检验模型的可靠性和有效性，对复合材料声辐射品质常数的二次回归模型进行方差分析和显著性检验，分析结果见表 7-6。

表 7-6　声辐射品质常数的响应面模型方差分析

方差来源	平方和	自由度	均方	F	P	显著性
模型	5.81	9	0.65	36.31	<0.0001	**
A	0.19	1	0.19	10.72	0.0136	*
B	0.34	1	0.34	19.31	0.0032	**
C	0.22	1	0.22	12.33	0.0098	**

续表

方差来源	平方和	自由度	均方	F	P	显著性
AB	0.01	1	0.01	0.58	0.4729	—
AC	0.15	1	0.15	8.24	0.0240	*
BC	0.011	1	0.011	0.63	0.4538	—
A^2	1.61	1	1.61	90.49	<0.0001	**
B^2	1.21	1	1.21	68.01	<0.0001	**
C^2	1.56	1	1.56	87.69	<0.0001	**
残差	0.12	7	0.018			
失拟项	0.092	3	0.031	3.72	0.1184	—
纯误差	0.033	4	$8.213×10^{-3}$			
总和	5.94	16				

$R^2=0.9790$；信噪比=15.352

注：*表示差异显著($P<0.05$)；**表示差异极显著($P<0.01$)；—表示不显著。

从表 7-6 中可以看出，声辐射品质常数的响应面回归模型的决定系数平方 $R^2=0.9790$，模型的 $P<0.0001$，表明响应值和模型存在极显著关系，也说明实验方法可靠，建立的模型具有可信度。失拟项 $P=0.1184$，失拟项不显著，说明未知因素对实验干扰很小，残差由随机误差引起。同时，失拟项的 $F=3.72$，F 值越小，表示方程拟合度越高，复合材料声辐射品质常数模型的信噪比(15.352>4)说明该模型可用于预测。

2) 因素的主次分析

通过比较各因素的 P 值和 F 值可判断各因素的显著情况。从表 7-6 中的 P 值可知，A、AC 的 P 值($P<0.05$)为显著因素，而 B、C、A^2、B^2、C^2($P<0.01$)为极显著因素，说明热压温度 A、热压压力 B、施胶量 C 对复合材料声辐射品质常数均有影响。综合考虑 P 值和 F 值，可以判断实验因子对复合材料声辐射品质常数的模型的影响关系：热压压力 B>施胶量 C>热压温度 A。

3) 因素的交互作用分析

从模型方差分析结果中可以看出，除了 AC 交互项($P=0.0240<0.01$)为交互显著，AB 交互项($P=0.4729>0.05$)和 BC 交互项($P=0.4538>0.05$)交互作用均为不显著。根据回归分析结果做出相应的响应面图及其等高线图，图 7-7 为热压温度 A、施胶量 C 2 个因素对复合材料 R 的交互作用 3D 图和等高线图。

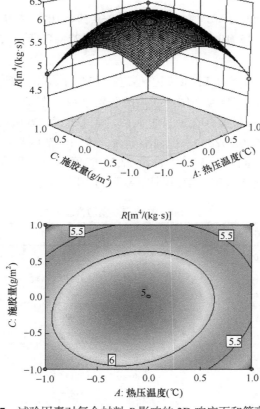

图 7-7　试验因素对复合材料 R 影响的 3D 响应面和等高线图

从图 7-7 中可以看出，AC 两因素的交互较显著，3D 图存在最高点，说明各试验因素选择合理。响应曲线模型在试验条件的范围内存在稳定点，稳定点即优化预测值点。

4）声辐射品质常数最优值的工艺参数取值

以复合材料声辐射品质常数为响应指标，寻求工艺参数最优组合，在各因素的取值范围内，通过 Design Expert 软件优化得出最优工艺方案结果为：热压温度 89.49℃，热压压力 1.23MPa，施胶量 177.5g/m²，此条件下复合材料声辐射品质常数的理论值可达到 6.33m⁴/(kg·s)。

5. 工艺因子对 tanδ 的影响

1）回归方程的建立

通过响应面软件对复合材料损耗角正切 tanδ 的测试结果进行二次多项式回

归拟合,剔除对模型影响不显著的因素,得到复合材料 $\tan\delta$ 的回归方程为

$$Y_{\tan\delta}=1.237\times10^{-3}+8.957\times10^{-5}A+7.484\times10^{-5}B+9.594\times10^{-5}C-3.902\times10^{-5}AB-5.733$$
$$\times10^{-5}AC+7.245\times10^{-5}BC+5.782\times10^{-4}A^2+5.822\times10^{-4}B^2+6.514\times10^{-4}C^2$$

$$(7\text{-}4)$$

通过复合材料 $\tan\delta$ 的二次回归模型进行方差分析和显著性检验(表7-7)可以看出,复合材料 $\tan\delta$ 的响应面回归模型的决定系数平方 $R^2=0.9986$,模型的 $P<0.0001$,表明响应值和模型存在极显著关系,也说明实验方法可靠,建立的模型具有可信度。失拟项 $P=0.2528$,失拟项不显著,说明未知因素对实验干扰很小,残差由随机误差引起。同时,失拟项的 $F=2.03$,F 值越小,表示方程拟合度越高。$\tan\delta$ 的模型的信噪比(57.691>4)说明该模型可用于预测。

表 7-7　$\tan\delta$ 的响应面模型方差分析

方差来源	平方和	自由度	均方	F	P	显著性
模型	5.386×10^{-6}	9	5.984×10^{-7}	537.14	<0.0001	**
A	6.418×10^{-8}	1	6.418×10^{-8}	57.61	0.0001	**
B	4.481×10^{-8}	1	4.481×10^{-8}	40.22	0.0004	**
C	7.364×10^{-8}	1	7.364×10^{-8}	66.10	<0.0001	**
AB	6.089×10^{-9}	1	6.089×10^{-9}	5.47	0.0520	—
AC	1.315×10^{-8}	1	1.315×10^{-8}	11.80	0.0109	*
BC	2.100×10^{-8}	1	2.100×10^{-8}	18.85	0.0034	**
A^2	1.408×10^{-6}	1	1.408×10^{-6}	1263.50	<0.0001	**
B^2	1.427×10^{-6}	1	1.427×10^{-6}	1280.93	<0.0001	**
C^2	1.787×10^{-6}	1	1.787×10^{-6}	1603.88	<0.0001	**
残差	7.798×10^{-9}	7	1.114×10^{-9}			
失拟项	4.703×10^{-9}	3	1.568×10^{-9}	2.03	0.2528	—
纯误差	3.095×10^{-9}	4	7.738×10^{-10}			
总和	5.393×10^{-6}	16				

$R^2=0.9986$;信噪比=57.691

注:*表示差异显著($P<0.05$);**表示差异极显著($P<0.01$);—表示不显著。

2) 因素的主次分析

通过比较各因素的 P 值和 F 值可判断各因素的显著情况。从表 7-7 中的 P 值可知,A、B、C、BC、A^2、B^2、C^2 的 P 值都为极显著因素($P<0.01$),AC 为显著因素($P<0.05$),AB 为非显著因素,说明热压温度 A、热压压力 B、施胶量 C 对复

合材料的 tanδ 均有影响。综合考虑 P 值和 F 值，可以判断实验因子对复合材料 tanδ 的模型的影响关系：施胶量 C>热压温度 A>热压压力 B。

3) 试验因素的交互作用分析

从模型方差分析结果中可以看出，除了 AB 交互项(P=0.0520>0.05)为不显著外，AC 交互项(P=0.0109<0.05)和 BC 交互项(P=0.0034<0.01)交互作用均为显著。根据回归分析结果做出相应的响应面图及其等高线图，图 7-8 为热压温度、施胶量 2 个因素交互作用对复合材料 tanδ 的 3D 图和等高线图。

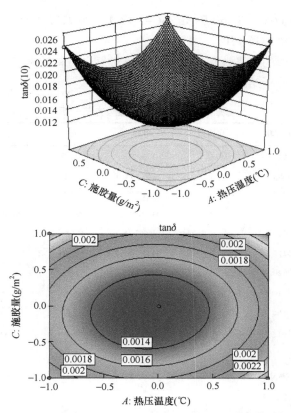

图 7-8　试验因素对复合材料 tanδ 影响的 3D 响应面和等高线图

从图 7-8 中可以看出，AC 两因素的交互显著，3D 图存在最低点，说明各试验因素选择合理。响应曲线模型在试验条件的范围内存在稳定点，稳定点即优化预测值点。

4) tanδ 最优值的工艺参数取值

以复合材料 tanδ 为响应指标，寻求工艺参数最优组合，在各因素的取值范围内，通过 Design Expert 软件优化得出最优工艺方案结果为：热压温度 89.17℃，热压压力 1.28MPa，施胶量 178.54g/m²，此条件下复合材料的 tanδ 理论值可达到 0.00122734。

6. 工艺因子对传声速度 v 的影响

1) 回归方程的建立

通过响应面软件对复合材料声速 v 的测试结果进行二次多项式回归拟合，剔除对响应面模型影响不显著的因素，得到复合材料 v 的回归方程为

$$Y_v=5111.25-56.66A-38.60B+82.36C-5.17AB+96.72AC+85.91BC-372.46A^2$$
$$-381.12B^2-315.13C^2 \tag{7-5}$$

为了检验模型的可靠性和有效性，需要对复合材料的声速 v 的二次回归模型进行方差分析，分析结果见表 7-8。

表 7-8　v 的响应面模型方差分析

方差来源	平方和	自由度	均方	F	P	显著性
模型	1.961×10^6	9	2.179×10^5	241.82	<0.0001	**
A	25685.11	1	25685.11	28.51	0.0011	**
B	11917.21	1	11917.21	13.23	0.0083	**
C	54265.69	1	54265.69	60.23	0.0001	**
AB	107.11	1	107.11	0.12	0.7404	—
AC	37420.00	1	37420.00	41.53	0.0004	**
BC	29520.91	1	29520.91	32.77	0.0007	**
A^2	5.841×10^5	1	5.841×10^5	648.33	<0.0001	**
B^2	6.116×10^5	1	6.116×10^5	678.82	<0.0001	**
C^2	4.181×10^5	1	4.181×10^5	464.11	<0.0001	**
残差	6306.65	7	900.95			
失拟项	494.08	3	164.69	0.11	0.9478	—
纯误差	5812.57	4	1453.14			
总和	1.967×10^6	16				

R^2=0.9968；信噪比=40.108

注：*表示差异显著($P<0.05$)；**表示差异极显著($P<0.01$)；—表示不显著。

从表 7-8 中可以看出，复合材料 v 的响应面回归模型的决定系数平方 R^2=0.9968，模型的 $P<0.0001$，表明响应值和模型存在极显著关系，也说明实验方法可靠，建立的模型具有可信度。失拟项 P=0.9478，失拟项不显著，说明未知因素对实验干扰很小，残差由随机误差引起。同时，失拟项的 F=0.11，F 值越小，表

示方程拟合度越高。v 的模型信噪比(40.108＞4)说明该模型可用于预测。

2) 因素的主次分析

通过比较各因素的 P 值和 F 值可判断各因素的显著情况。从表 7-8 中的 P 值可知，A、B、C、A^2、B^2、C^2 的 P 值都为极显著因素($P<0.01$)。综合考虑 P 值和 F 值，可以判断实验因子对复合材料 v 的模型的影响关系：施胶量 C ＞热压温度 A ＞热压压力 B。

3) 试验因素的交互作用分析

从复合材料 v 的模型方差分析结果中可以看出，除了 AB 交互项($P=0.7404>0.05$)为不显著，AC 交互项($P=0.0004<0.01$)和 BC 交互项($P=0.0007<0.01$)交互作用均为极显著。根据回归分析结果做出相应的响应面图及其等高线图，图 7-9 为热压压力和施胶量以及热压温度和施胶量对复合材料 v 的交互作用 3D 图和等高线图。

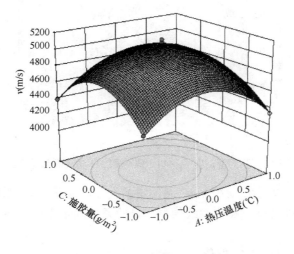

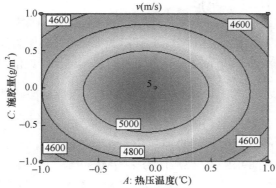

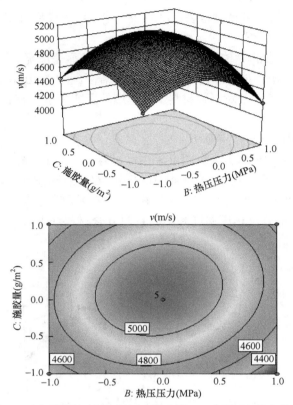

图 7-9　试验因素对复合材料 v 影响的 3D 响应面和等高线图

从图 7-9 中可以看出，BC、AC 两因素的交互较显著，3D 图存在最高点，说明各试验因素选择合理，响应曲线模型在试验条件的范围内存在稳定点，稳定点即优化预测值点。

4) v 最优值的工艺参数取值

以复合材料 v 为响应指标，寻求工艺参数最优组合，在各因素的取值范围内，通过 Design Expert 软件优化得出最优工艺方案结果为：热压温度 89.40℃，热压压力 1.29MPa，施胶量 182.34g/m²，此条件下复合材料的 v 理论值可达到 5118.47m/s。

7. 木质单板-玻璃纤维复合材料的制备工艺参数的综合优选

在各试验因子的试验范围内，设定 E/ρ、E/G、R、v 处于最大值，设定 $\tan\delta$ 处于最小值为目标，利用应用软件 Design Expert 对各试验因素综合优化得出最优工艺参数为：热压温度 89.19℃，热压压力 1.27MPa，施胶量 180.00g/m²，此条件下复合材料的 E/ρ 达到 26.15GPa、E/G 达到 18.58、R 达到 6.37m⁴/(kg·s)、$\tan\delta$ 达到 0.00123，v 达到 5113.72m/s。考虑到工艺参数因子实际取值情况，调整工艺条件为：热压温度 89℃，热压压力 1.3MPa，施胶量 180g/m²。采用此实验条件进行 3 次重复试验，所得结果如表 7-9 所示。

表 7-9　优化工艺的验证试验结果

指标	实测值			平均值	预测值	偏差率	RSD(%)
	1	2	3				
E/ρ(GPa)	26.67	26.58	26.87	26.71	26.14	−2.12%	0.45%
E/G	18.53	18.37	18.32	18.41	18.53	0.69%	0.49%
R[m⁴/(kg·s)]	6.45	6.36	6.40	6.40	6.36	−0.67%	0.58%
$\tan\delta$	0.00121	0.00128	0.00125	0.00125	0.00123	−1.03%	2.30%
v(m/s)	5182.76	5179.07	5188.47	5183.43	5113.19	−1.36%	0.07%

从表 7-9 中可以看出，在热压温度 89℃、热压压力 1.3MPa、施胶量 180g/m² 的条件下，复合材料的 E/ρ 达到 26.71GPa，E/G 为 18.41，R 为 6.40m⁴/(kg·s)，$\tan\delta$ 为 0.00125，v 为 5183.43m/s，且实测值和预测值都具有良好吻合度，偏差率和相对标准偏差均建立在 2.5%以内，说明方程和实际情况拟合较好，该模型可以较好预测工艺因素与复合材料声学振动性能之间的关系，该模型可靠、准确。

7.2　玻璃纤维布铺放位置与层数对复合材声学振动性能的影响

在前面制备工艺研究基础上，以桦木单板为基体、玻璃纤维为增强材料，按单板层积材结构制备玻璃纤维复合材料，探究玻璃纤维布不同铺放位置和铺放层数对复合材料声学振动性能的影响。

7.2.1　试验材料与方法

1. 试验材料

(1) 桦木单板：购自山东省平邑盛达木业有限公司，原始尺寸大小：450mm×450mm×1.45mm，加工后尺寸：220mm×450mm×1.45mm，含水率：10%～12%，厚度：1.45～1.50mm，选材要求：纹理清晰、表面光洁、无开裂、无节子。

(2) 中碱玻璃纤维布：购自安徽省旌德县南关玻纤厂，玻璃纤维布是由玻璃纤维纵横编织而成，无明显网眼，基本参数如表 7-10 所示。

表 7-10　中碱玻璃纤维布的基本物理参数

项目	纤维直径(μm)	最高适用温度(℃)	密度(g/cm³)	动弹性模量(GPa)	抗拉强度(GPa)	断裂伸长率(%)
指标	5~20	400	2.4~2.6	72	3.5	2.7

(3) 胶黏剂：购自广东珠江化工涂料有限公司，其规格如下：

中高温环氧树脂 AB 胶，型号：E-44，A 胶：环氧值 0.41~0.47mol/100g，B 胶：EP 固化剂。

2. 试验仪器

同 7.1.1 节。

3. 玻璃纤维布的预处理

同 7.1.1 节。

4. 木质单板-玻璃纤维复合材料结构设计方案

桦木单板和玻璃纤维布以单板层积材方式进行复合，复合方式如图 7-10 和图 7-11 所示。

————— 桦木单板　　　- - - - - - - - 玻璃纤维布

图 7-10　玻璃纤维不同铺放位置

玻璃纤维布是用玻璃纤维纵横编织而成，与单板复合时，其中一个方向与桦木单板顺纹理方向平行。由预实验知，采用 3 层桦木单板制备的复合材料易翘曲变形，用 7 层桦木单板制备的复合材料密度大于 1g/cm³，不利于复合材料的声学振动性能的提高。本试验采用 5 层桦木单板顺纹组坯，以第三块桦木单板为中心层，把玻璃纤维布从外到中心整齐铺放在桦木单板之间。为探究玻璃纤维布不同铺放位置对桦木单板-玻璃纤维复合材料声学振动性能影响，分别设计了用 1 层和 2 层玻璃纤维布铺放在桦木单板层内，其中 A、B 为铺放 1 层玻璃纤维布，C、D

为铺放 2 层玻璃纤维布，具体如图 7-10 所示。为探究玻璃纤维布不同层数对木质单板-玻璃纤维复合材料声学性能影响，E 为铺放 0 层玻璃纤维布、H、J 分别铺放3 层、4 层玻璃纤维布，具体如图 7-11 所示。

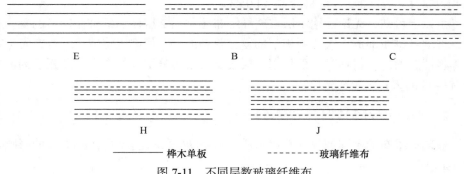

图 7-11　不同层数玻璃纤维布

5. 复合材料声学振动性能测试

见 2.1.2 节中的测量方法。

7.2.2　玻璃纤维布不同铺放位置对复合材料声学振动性能的影响

1. 铺放位置对复合材料比动弹性模量 E/ρ 的影响

玻璃纤维布的不同铺放位置对木质单板-玻璃纤维复合材料 E/ρ 的影响如图 7-12 所示。

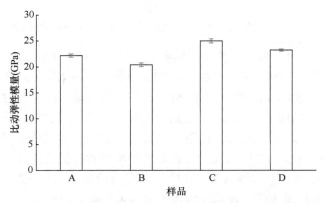

图 7-12　玻璃纤维布的不同铺放位置对 E/ρ 的影响

从图 7-12 可以看出，用 1 层玻璃纤维布铺放在表层单板下的复合材料 A 的比动弹性模量为 22.20GPa，比用 1 层玻璃纤维布铺放在芯层板下的复合材料 B 高8.7%。用 2 层玻璃纤维布分别铺放在上下表层单板内的复合材料 C 的比动弹性模量为 25.04GPa，比将纤维铺放在芯层单板两侧的复合材料 D 高 7.5%。用玻璃纤维布对称铺放在表层内的复合材料 C 的比动弹性模量比非对称铺放在表层的复合材 A 高 12.79%，同样，用玻璃纤维布对称铺放在芯层单板两侧的复合材料 D 的 E/ρ 比非对称铺放的复合材料 B 高 14.05%。

由以上可知，无论是用 1 层玻璃纤维布还是用 2 层玻璃纤维布制备的复合材料，玻璃纤维布铺放在表层单板下的复合材料的 E/ρ 值都比将玻璃纤维布靠近芯层单板铺放的复合材料高。而且用 2 层玻璃纤维布分别铺放在上下单板层内的复合材料 C 的 E/ρ 值达到最大。

2. 铺放位置对复合材料 E/G 的影响

玻璃纤维布的不同铺放位置对木质单板-玻璃纤维复合材料 E/G 值的影响如图 7-13 所示。

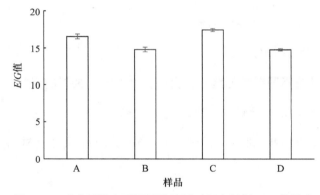

图 7-13　玻璃纤维布不同铺放位置对复合材料 E/G 的影响

从图 7-13 中可以看出，玻璃纤维布铺放位置对桦木单板-玻璃纤维复合材料的 E/G 有显著影响。复合材料 C 的 E/G 值达到最大。用 1 层玻璃纤维布铺放在表层单板下的复合材料 A 的 E/G 为 16.55，比用 1 层玻璃纤维布铺放在芯层单板一侧的复合材料 B 增加了 17.8%。用 2 层玻璃纤维布分别铺放在上下表层内的复合材料 C 的 E/G 值为 17.40GPa，比用 2 层纤维布铺放在芯层单板两侧的复合材料 D 增加了 18.0%。从对称铺放方面考虑，玻璃纤维布对称铺放的复合材料 C 的 E/G 值比非对称铺层的复合材料 A 高 5.13%，而复合材料 D 的 E/G 值比复合材料 B 高 4.98%。试验结果表明，玻璃纤维布铺放在表层单板内的复合材料的 E/G 值比将纤维布靠近芯层单板的复合材都高，这说明玻璃纤维布铺放在表层单板下的复合材料频谱特性曲线分布较为均匀，具有较好的音色表现。玻璃纤维布对称铺放也有助于提高复合材料的综合品质。

3. 铺放位置对复合材料声辐射品质常数 R 的影响

玻璃纤维布的不同铺放位置对木质单板-玻璃纤维复合材料声辐射品质常数的影响结果如图 7-14 所示。

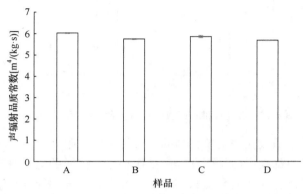

图 7-14　玻璃纤维布铺放位置对复合材料声辐射品质常数的影响

从图 7-14 可知，玻璃纤维布的铺放位置对木质单板-玻璃纤维复合材料声辐射品质常数 R 的影响显著程度没有其他声学振动性指标明显。用 1 层玻璃纤维布铺放在外层单板下的复合材料 A 的声辐射品质常数达到最大，为 6.03m⁴/(kg·s)。相比用 1 层玻璃纤维布铺放在芯板单侧的复合材料 B 的声辐射品质常数，复合材料 A 的声辐射品质常数比复合材料 B 高 4.87%。而用 2 层玻璃纤维布分别铺放在上下单板内的复合材料 C 的声辐射品质常数为 5.87m⁴/(kg·s)，仅比用相同层数的玻璃纤维布铺放在芯层单板两侧的复合材料 D 高 2.98%。对称铺放的复合材料 C、D 的声辐射品质常数和非对称铺放的复合材料 A、B 的声辐射品质常数总体相差不大，说明玻璃纤维布是否对称铺放对复合材料的声辐射品质常数的影响较小。

4. 铺放位置对复合材料声阻抗 ω 的影响

玻璃纤维布铺放位置对木质单板-玻璃纤维复合材料声阻抗的影响结果如图 7-15 所示。

从图 7-15 可知，玻璃纤维布铺放位置对复合材料的声阻抗有影响，复合材料 B 的声阻抗达到最小。用 1 层玻璃纤维布铺放在表层单板下的复合材料 A 的声阻抗为 3.68MPa·s/m，比用 1 层玻璃纤维布铺放在芯层一侧的复合材料 B 增加了 3.66%。用 2 层玻璃纤维布分别铺放在上下表层内的复合材料 C 的声阻抗为 4.27MPa·s/m，比将纤维铺放在芯层单板两侧的复合材料 D 增加了 4.66%。从对称铺放方面考虑，玻璃纤维布对称铺放的复合材料 C 的声阻抗比非对称铺层的复合材料 A 高 16.03%，而复合材料 D 的声阻抗比复合材料 B 高 14.92%。试验结果

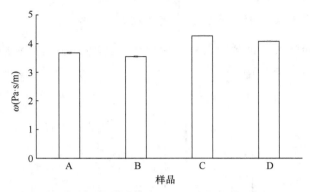

图 7-15　玻璃纤维布铺放位置对复合材料声阻抗的影响

表明，玻璃纤维布铺放在表层单板内的复合材料的声阻抗比将玻璃纤维布靠近芯层单板的复合材料都高，但是要获得声学振动性能优异的复合材料，复合材料需要有较小的声阻抗。仅从复合材料的声阻抗考虑，当玻璃纤维布铺放在表层单板下时不利于复合材料声学振动性能的提高。

5. 铺放位置对复合材料 $\tan\delta$ 的影响

玻璃纤维布的铺放位置对木质单板-玻璃纤维复合材料损耗角正切的影响结果如图 7-16 所示。

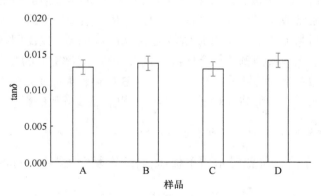

图 7-16　玻璃纤维布铺放位置对复合材料 $\tan\delta$ 的影响

从图 7-16 可知，玻璃纤维布铺放位置对复合材料的损耗角正切影响较小，复合材料 C 的损耗角正切值最小。复合材料 A 的 $\tan\delta$ 为 0.0132，比复合材料 B 仅小 4.34%，复合材料 C 的 $\tan\delta$ 最小，其值为 0.0130，比复合材料 D 小 8.45%。由以上可知，玻璃纤维布铺放在表层单板内的复合材料的 $\tan\delta$ 比将玻璃纤维布铺放在靠近芯板层的复合材料小，说明玻璃纤维布铺放在表层单板内的复合材料具有较少的内损耗，使更多的声能量辐射到空气中。

6. 布铺放位置对复合材料声速 *v* 的影响

木材是一种各向异性材料，其影响声速的因素很多，组成木材的三大化学成分主要为纤维素、半纤维素、木质素，其中木质素在天然状态下属于无定形物质，因此纤维素是影响声速传播的主要因素。声速在木材的各个方向传播速度是不一样的，通常声速在木材的顺纹方向最大，斜纹次之，横纹方向最小，通常用作乐器音板的木质材料都有较高的传声速度[17,18]。玻璃纤维布的铺放位置对复合材料声速的影响结果如图 7-17 所示。

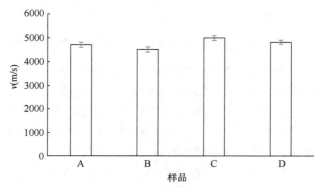

图 7-17　玻璃纤维布铺放位置对复合材料声速的影响

从图 7-17 可知，玻璃纤维布铺放位置对复合材料的声速有显著影响。复合材料 C 的声速达到最大。用 1 层玻璃纤维布铺放在表层单板下的复合材料 A 的声速达到 4712.04m/s，比用 1 层玻璃纤维布铺放在芯层一侧的复合材料 B 增加了 4.27%。用 2 层玻璃纤维布分别铺放在上下表层内的复合材料 C 的声速值为 5004.34m/s，比用相同层数玻璃纤维布铺放在芯层单板两侧的复合材料 D 增加了 3.69%。从对称铺放方面考虑，玻璃纤维布对称铺放的复合材料 C 的声速比非对称铺层的复合材料 A 高 6.20%，而复合材料 D 的声速比复合材料 B 高 6.80%。试验结果表明，玻璃纤维布铺放在表层单板内的复合材料的声速比将玻璃纤维布靠近芯层单板的复合材料都高，玻璃纤维布对称铺放的复合材料的声速比非对称铺放的复合材料高。

7.2.3　玻璃纤维布的不同层数对复合材料声学振动性能的影响

1. 不同层数对复合材料比动弹性模量 *E*/*ρ* 的影响

玻璃纤维布的不同层数对木质单板-玻璃纤维复合材料比动弹性模量的影响如图 7-18 所示。

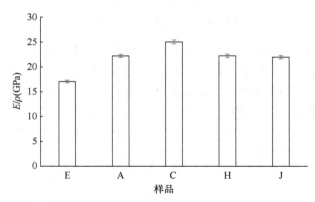

图 7-18　玻璃纤维布不同层数对复合材料比动弹性模量的影响

　　从图 7-18 可以看出,玻璃纤维布的添加对复合材料的比动弹性模量有影响,铺放 2 层玻璃纤维布的复合材料的比动弹性模量达到最大值。未铺放玻璃纤维布的复合材料 E 的比动弹性模量为 17.05GPa,而铺放 1 层、2 层、3 层、4 层玻璃纤维布的复合材料 A、C、H、J 的比动弹性模量分别为 22.20GPa、25.04GPa、22.24GPa、21.96GPa,比未铺放玻璃纤维布的复合材料 E 分别增加了 30.2%、46.9%、30.4%、28.8%,说明玻璃纤维布的添加有助于提高复合材料的比动弹性模量。铺放 1 层、3 层、4 层玻璃纤维布复合材料 A、H、J 的比动弹性模量增加幅度与铺放 2 层复合材料 C 相比,分别减少 16.7 个百分点、16.5 个百分点、18.1 个百分点。这说明玻璃纤维布从 3 层增加到 4 层,复合材料的比动弹性模量增幅减小。

　　由以上可知,随着玻璃纤维布层数的增加,木质单板-玻璃纤维复合材料的比动弹性模量呈先上升后减小的趋势。玻璃纤维具有硬度高、机械强度高等优点,其动弹性模量可达 72GPa,而桦木的动弹性模量只有 8.5GPa,作为增强材料的玻璃纤维与桦木单板基体进行复合增加了复合材料的动弹性模量,因此玻璃纤维布的添加可以提高复合材料的比动弹性模量。但比动弹性模量和密度有密不可分的关系,随着玻璃纤维布层数的增加,复合材料的密度也大幅度提高,尤其是铺放 3 层、4 层玻璃纤维布的复合材料相比未铺放玻璃纤维布的复合材料 E 的密度分别增加 25.6% 和 35.1%,密度大幅度增加不利于复合材料的比动弹性模量的增加。

2. 不同层数对复合材料 E/G 的影响

　　玻璃纤维布的不同层数对木质单板-玻璃纤维复合材料 E/G 值的影响如图 7-19 所示。

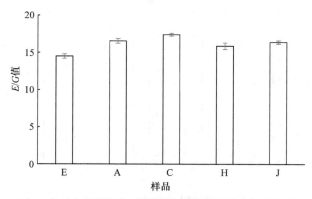

图 7-19　玻璃纤维布不同层数对复合材料 E/G 的影响

从图 7-19 可以看出,玻璃纤维布的添加对复合材料的 E/G 有影响,铺放 2 层玻璃纤维布的复合材料 C 的 E/G 达到最大值。未铺放玻璃纤维布的复合材料 E 的 E/G 为 14.49,而铺放 1 层、2 层、3 层、4 层玻璃纤维布的复合材料 A、C、H、J 的 E/G 分别为 16.55、17.40、15.87、16.40,比未铺放玻璃纤维布的复合材料 E 分别增加了 14.2%、20.1%、9.5%、13.2%,说明玻璃纤维布的添加有助于提高复合材料的 E/G。铺放 3 层、4 层玻璃纤维布复合材料 H、J 的 E/G 增加幅度与铺放 2 层复合材料 C 相比,分别下降了 10.6 个百分点和 6.9 个百分点。这说明玻璃纤维布从 3 层增加到 4 层,复合材料的 E/G 增幅减小。

由以上可知,在复合材料中铺放玻璃纤维布对于复合材料 E/G 具有明显的增强效果,且随玻璃纤维布层数增加,E/G 值呈上升趋势,但增加的趋势也表明复合材料 E/G 值不与玻璃纤维布层数的增加成正比。复合材料的 E/G 值为动弹性模量和动刚性模量的比值,高硬度、高动弹性模量的玻璃纤维布和较低动弹性模量的桦木单板复合可以增加复合材料的动弹性模量和动刚性模量。玻璃纤维布铺放 3 层、4 层时复合材料的动刚性模量的增幅大于动弹性模量的增幅,因此复合材料 H、J 的 E/G 值比复合材料 C 小,且复合材料 H 中的 3 层玻璃纤维布为不对称铺放,因此复合材料 H 的 E/G 值下降明显。仅从复合材料 E/G 值来判断,铺放 2 层玻璃纤维布的复合材料 C 具有较好的音色。

3. 不同层数对复合材料声辐射品质常数 R 的影响

玻璃纤维布不同层数对木质单板-玻璃纤维复合材料声辐射品质常数 R 的影响结果如图 7-20 所示。

从 7-20 图中可以得到,玻璃纤维布的添加对复合材料的 R 有影响,铺放 1 层玻璃纤维布的复合材料 A 的声辐射品质常数达到最大值。未铺放玻璃纤维布的复

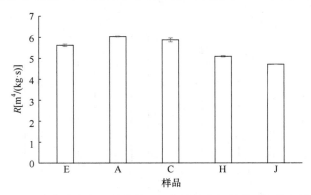

图 7-20　玻璃纤维布不同层数对复合材料声辐射品质常数的影响

合材料 E 的声辐射品质常数为 5.62m⁴/(kg·s)，而铺放 1 层、2 层、3 层、4 层玻璃纤维布的复合材料 A、C、H、J 的声辐射品质常数分别为 6.03m⁴/(kg·s)、5.87m⁴/(kg·s)、5.09m⁴/(kg·s)、4.71m⁴/(kg·s)。只有复合材料 A、C 比未铺放玻璃纤维布的复合材料的声辐射品质常数分别增加了 7.30%、4.45%，而复合材料 H、J 的声辐射品质常数比复合材料 E 分别减少了 9.43%、16.19%。这说明玻璃纤维布铺放 3 层、4 层时制备的桦木单板-玻璃纤维复合材料不利于声辐射品质常数的增加。

　　由以上可知，玻璃纤维布的适当添加有助于复合材料声辐射品质常数的提升，但随着玻璃纤维布层数的增加，复合材料的声辐射品质常数反而呈减小的趋势。高动弹性模量的玻璃纤维和桦木单板复合可以增加复合材料的动弹性模量，但随着玻璃纤维布层数的增加，复合材料的密度大幅度增加。声辐射品质常数与密度成反比，密度大幅度增加迫使声辐射品质常数也大幅度下降。从声辐射品质常数考虑，铺放 2 层玻璃纤维布的复合材料有较优的辐射能力。

4. 不同层数对复合材料声阻抗 ω 的影响

　　玻璃纤维布的不同层数对木质单板-玻璃纤维复合材料声阻抗的影响如 7-21 所示。

　　从图 7-21 可以看出，玻璃纤维布的添加对复合材料的声阻抗有影响，随着玻璃纤维布层数的增加，复合材料的声阻抗逐渐增大。铺放 4 层玻璃纤维布的复合材料的声阻抗达到最大值。未铺放玻璃纤维布的复合材料 E 的声阻抗为最小，其值为 3.03Pa·s/m，铺放 1 层、2 层、3 层、4 层玻璃纤维布的复合材料 A、C、H、J 的声阻抗分别为 3.68Pa·s/m、4.27Pa·s/m、4.37Pa·s/m、4.66Pa·s/m，比未铺放玻璃纤维布的复合材料 E 分别增加了 21.45%、40.92%、44.22%、53.80%，说明玻璃纤维布的添加可增大复合材料声阻抗。就声阻抗而言，玻璃纤维布的添加，使复合材料的声阻抗增加，不利于复合材料的声学振动。

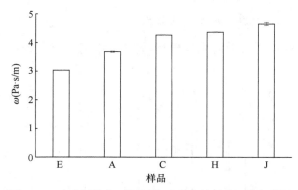

图 7-21　玻璃纤维布不同层数对复合材料声阻抗的影响

5. 不同层数对复合材料损耗角正切 tanδ 的影响

玻璃纤维布不同层数对木质单板-玻璃纤维复合材损耗角正切 tanδ 的影响如图 7-22 所示。

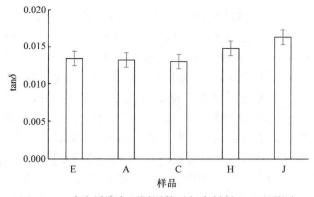

图 7-22　玻璃纤维布不同层数对复合材料 tanδ 的影响

从图 7-22 中可以看出，玻璃纤维布层数对复合材料损耗角正切的影响效果没有其他声学指标那么明显，铺放 2 层玻璃纤维布的复合材料 C 的损耗角正切达到最小值。铺放 1 层、2 层玻璃纤维布的复合材料的损耗角正切值比未铺放玻璃纤维布的复合材料 E 的损耗角正切值 0.0134，分别低 1.5%和 2.99%。而铺放 3 层、4 层玻璃纤维布的复合材料 H、J 的损耗角正切分别为 0.0148、0.0163，比未铺放玻璃纤维布的复合材料 E 分别增加了 10.45%、21.64%，这说明玻璃纤维布铺放 3 层、4 层时，不利于复合材料的损耗角正切值的降低。就复合材料的损耗角正切值而言，玻璃纤维布的适当添加，有助于降低损耗角正切值，避免材料内部因内摩擦做功损耗大量能量。综上可以看出，铺放 2 层玻璃纤维布的复合材料具有较小的内损耗。

6. 不同层数对复合材料声速 v 的影响

玻璃纤维布的不同层数对木质单板-玻璃纤维复合材振动传声速度的影响如图 7-23 所示。

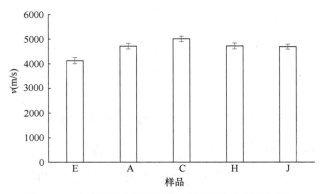

图 7-23　玻璃纤维布不同层数对复合材料声速的影响

从图 7-23 中看出，玻璃纤维布的添加对复合材料的声速有影响，铺放 2 层玻璃纤维布的复合材料 C 的声速达到最大值。未铺放玻璃纤维布的复合材料 E 的声速为最小，其值为 4129.21m/s，而铺放 1 层、2 层、3 层、4 层玻璃纤维布的复合材料 A、C、H、J 的声速分别为 4712.04m/s、5004.33m/s、4716.25m/s、4686.13m/s，比未铺放玻璃纤维布的复合材料 E 分别增加了 14.11%、21.19%、14.21%、13.49%，说明玻璃纤维布的添加有助于提高复合材料的声速。铺放 3 层、4 层玻璃纤维布复合材料 H、J 的声速增加幅度与铺放 2 层复合材料 C 相比，分别下降了 5.76 个百分点和 6.36 个百分点。这说明玻璃纤维布从 3 层增加到 4 层，复合材料的声速增幅减小。

由以上可知，在复合材料中铺放玻璃纤维布对复合材料声速具有明显的增强效果，且随玻璃纤维布层数增加，复合材料的声速值呈先上升后降低的趋势。试验采用的玻璃纤布为纵横编织的，其中一方向与木材纹理方向平行，另一方向与桦木单板纹理方向垂直。纵横编织的玻璃纤维布与桦木单板复合，可以有效改善桦木各向异性的弱点，增强复合材料的动弹性模量和力学性能，因此玻璃纤维布有助于提高复合材料的声速。仅从复合材料声速考虑，复合材料 C 具有较好声传播速度。

7.3　木质单板-玻璃纤维复合材料声学振动性能的综合分析

上述玻璃纤维布的铺放位置和层数对桦木单板-玻璃纤维复合材料的声学振动性能有影响。玻璃纤维布铺放在表层单板内的复合材料的声学振动性能比将玻璃纤维布靠近芯层单板铺放的复合材料好，且铺放 2 层玻璃纤维布的复合材料的声学振动性能优于铺放 1 层、3 层、4 层玻璃纤维布的复合材料。本研究最终目的是探究桦木单板-玻璃纤维复合材料替代实木制作乐器音板的可能性，因此需要将复合材料声学振动指标参数与常用制作乐器的木材如美国西加云杉等进行对比，其中美国西加云杉的尺寸约为：1453.8mm×103.8mm×11.8mm，具体的数据参考文献[19]，桦木和西加云杉声学振动各指标如表 7-11 所示。

表 7-11　不同木材的声学振动性能指标

木材种类	密度ρ (g/cm³)	比动弹性模量 E/ρ(GPa)	E/G 值	声辐射品质常数 R[m⁴/(kg·s)]	声阻抗ω (Pa·s/m)	声速 v (m/s)
西加云杉	0.43	25.97	20.14	11.90	2.20	5096
桦木	0.63	19.73	12.17	7.05	2.80	4442

7.3.1　声学振动性能的比较

1. 密度的比较

复合材料与西加云杉、桦木的密度比较结果如图 7-24 所示。

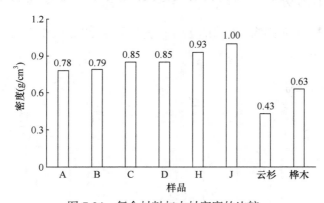

图 7-24　复合材料与木材密度的比较

由图 7-24 可知，复合材料 A～J 的密度都大于云杉和桦木的密度，因为复合材料是由玻璃纤维布和桦木单板通过胶黏剂制备的，玻璃纤维布和胶黏剂的加入使复合材料的密度超过桦木密度，仅从密度方面考虑，过高或过低的密度均不利于复合材料声学振动性能的提高。

2. 比动弹性模量的比较

复合材料与西加云杉、桦木的比动弹性模量比较结果如图 7-25 所示。

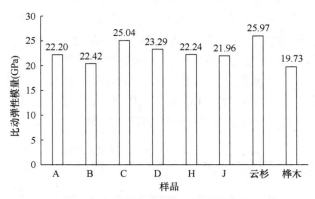

图 7-25　复合材料与木材比动弹性模量的比较

　　从图 7-25 的比较结果可知，云杉的比动弹性模量值达到最大，为 25.97GPa，复合材料 A～J 的比动弹性模量都在 20GPa 以上，都比桦木的比动弹性模量高。表现较优的复合材料 C 的比动弹性模量为 25.04GPa，与云杉的比动弹性模量接近，比桦木的比动弹性模量高 26.91%。由此可见，复合材料 C 的比动弹性模量远远超过桦木的比动弹性模量，且可以和云杉的比动弹性模量相媲美。

3. E/G 值的比较

　　复合材料与西加云杉、桦木的 E/G 值比较结果如图 7-26 所示。

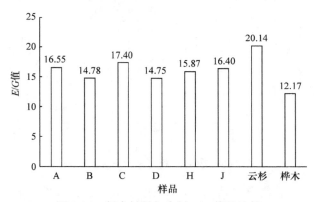

图 7-26　复合材料与木材 E/G 值的比较

　　从图 7-26 中可知，云杉的 E/G 为最大，其值为 20.14。复合材料 A～J 的 E/G 均大于 14，都比桦木的 E/G 高。在桦木单板-玻璃纤维复合材料 A～J 中，表现较为优异的复合材料 C 的 E/G 为 17.40，与声学振动性能优良的云杉相比，尽管复合材料 C 的 E/G 比云杉低 13.60%，但复合材料 C 的 E/G 比桦木高 42.97%，说明较优条件下的复合材料 C 具有良好的振动频谱特性及不错的音色综合品质。

4. 声阻抗的比较

复合材料与西加云杉、桦木的声阻抗值比较结果如图 7-27 所示。

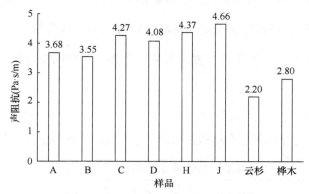

图 7-27　复合材料与木材的声阻抗值比较

从图 7-27 可知，桦木单板-玻璃纤维复合材料的声阻抗表现得不是很理想。复合材料的声阻抗都比云杉、桦木的高，而想要获得声学性能优异的复合材料，声阻抗值越小越好。即使表现较优的复合材料 A 的声阻抗为 3.68Pa · s/m，相比云杉的声阻抗也高 67.3%，说明桦木单板-玻璃纤维复合材料在声阻抗方面表现较差，还有很大空间可以提升。

5. 声辐射品质常数的比较

复合材料与西加云杉、桦木的声辐射品质常数比较结果如图 7-28 所示。

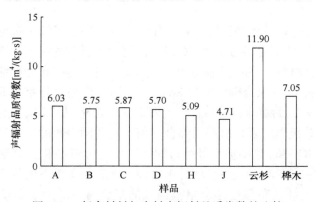

图 7-28　复合材料与木材声辐射品质常数的比较

从图 7-28 可以得到，桦木单板-玻璃纤维复合材料的声辐射品质常数都表现得不理想，其数值甚至低于桦木的声辐射品质常数 7.05m^4/(kg/s^3)。即使表现最优的复合材料 A，其声辐射品质常数值为 6.03m^4/(kg/s^3)，仅为云杉声辐射品质常数的 50.67%。这是因为声辐射品质常数与材料的密度有密切关联,密度越大,复合材料的声辐射品质常数越小,玻璃纤维布和胶黏剂的使用使复合材料的密度大幅度增加,不利于复合材料声辐射品质常数的提高。

7.3.2 桦木单板-玻璃纤维复合材料声学振动性能的综合评价

参照 6.3.2 节中的方法进行复合材料声学振动性能的综合评价,各项指标的权重同表 6-13。

1. 综合评分法

利用综合评分法得到复合材料各项声学参数指标的评分值,结果如表 7-12 所示。

表 7-12 复合材料和木材的各项评分值

试样编号	密度	比动弹性模量	E/G 值	声辐射品质常数	声阻抗	声速	综合评分值
A	88.56	77.70	81.99	63.67	71.27	78.32	76.30
B	88.78	64.94	69.44	62.90	72.80	65.23	67.55
C	92.38	98.02	86.23	63.22	64.54	98.13	86.65
D	92.00	85.49	72.94	62.77	66.68	86.05	78.05
H	96.30	77.98	73.56	61.07	63.41	78.60	74.38
J	100.00	75.95	81.25	60.00	60.00	76.56	74.82
云杉	69.66	100.00	100.00	79.48	88.80	100.00	93.21
桦木	80.40	60.00	60.00	66.52	81.49	60.00	63.81

从材料的综合评分值(表 7-12)可以看出,用 1 层玻璃纤维布铺放在表层单板下的复合材料 A 的综合得分值为 76.30,比用相同层数的玻璃纤维布铺放在芯层单板单侧的复合材料 B 的综合得分值高。用 2 层玻璃纤维布分别铺放在上下单板层内的复合材料 C 的综合得分值为 86.65,比用 2 层玻璃纤维布铺放在芯层单板两侧的复合材料 D 的综合得分值高。也就是说,无论是用 1 层还是 2 层玻璃纤维布铺放在表层单板内的复合材料的综合分值比用相同层数的玻璃纤布在靠近芯板层铺放的复合材料高,说明玻璃纤维布的铺放位置对桦木单板-玻璃纤维复合材料的声学振动性能有影响,且将玻璃纤维布铺放在表层单板下的复合材料的声学振动性能比将玻璃纤维布靠近芯层单板铺放的复合材料的声学振动性能好,这与 7.2.2 节试验结果相同。

通过综合评分法可以综合评估玻璃纤布层数对桦木单板-玻璃纤维复合材料声学振动性能的影响。通过表 7-12 中复合材料 A、C、H、J 的综合得分值可以看出,复合材料的声学振动性能随玻璃纤维布层数的增加呈先上升后下降的趋势。

铺放 2 层玻璃纤维布的复合材料 C 的综合分值为 86.65，比用 1 层、3 层、4 层复合材料 A、H、J 的综合得分值高。这说明铺放 2 层玻璃纤维布的复合材料具有较好的声学振动性能，这与 7.2.3 节试验结果相同。

与云杉进行比较可以看出：云杉的综合得分值达到最大，其值为 93.21，这也体现云杉具有良好的声学振动性能，可以作为衡量实验试样声学振动性能的标准；复合材料 A~J 的综合值均在 67 以上，比桦木的综合分值高；表现较优的复合材料 C 的综合分值(86.65)和云杉的综合得分值相差不大，说明桦木单板-玻璃纤维复合材料具有替代实木制作乐器音板用材的可能性。

2. 综合坐标法

利用综合坐标法得到复合材料各项声学参数指标的评分值，结果如表 7-13 所示。

表 7-13　复合材料和木材的综合坐标评定值

试样编号	密度	比动弹性模量	E/G 值	声辐射品质常数	声阻抗	声速	综合评分值
A	0.046	0.015	0.032	0.468	0.044	0.004	0.326
B	0.044	0.037	0.091	0.488	0.057	0.010	0.359
C	0.020	0.000	0.019	0.479	0.007	0.000	0.317
D	0.022	0.006	0.072	0.491	0.015	0.002	0.340
H	0.005	0.015	0.068	0.537	0.004	0.004	0.356
J	0.000	0.018	0.034	0.567	0.000	0.005	0.356
云杉	0.322	0.000	0.000	0.149	0.287	0.000	0.195
桦木	0.135	0.049	0.157	0.397	0.160	0.014	0.360

从复合材料与云杉、桦木的综合坐标评定值(表 7-13)可以看出，用 1 层玻璃纤维布铺放在表层单板下的复合材料 A 的综合坐标评定值为 0.326，比用相同层数的玻璃纤维布铺放在芯层单板单侧的复合材料 B 的综合坐标评定值低。用 2 层玻璃纤维布分别铺放在上下单板层内的复合材料 C 的综合坐标评定值为 0.317，比用 2 层玻璃纤维布铺放在芯层单板两侧的复合材料 D 的综合坐标评定值低。可以得出：无论是用 1 层还是 2 层玻璃纤维布铺放在表层单板内的复合材料的综合坐标评定值比用相同层数的玻璃纤维布在靠近芯板层铺放的复合材料低。综合坐标值越低，材料声学振动性能越好，说明玻璃纤维布的铺放位置对桦木单板-玻璃纤维复合材料的声学振动性能有影响，且将玻璃纤维布铺放在表层单板下的复合材料的声学振动性能比将玻璃纤维布靠近芯层单板铺放的复合材料的声学振动

性能好，这与复合材料的综合评分值相同，同样与7.2.2节试验结果也相同。

综合坐标法同样也可以综合评估玻璃纤布的层数对桦木单板-玻璃纤维复合材料声学振动性能的影响。通过表7-13的复合材料A、C、H、J的综合坐标评定值可以看出：复合材料的声学振动性能随玻璃纤维布层数的增加呈先下降后上升的趋势。铺放2层玻璃纤维布的复合材料C的综合坐标评定值为0.317，比分别用1层、3层、4层复合材料A、H、J的综合坐标评定值低。这说明铺放2层玻璃纤维布的复合材料具有较好的声学振动性能，这与综合评分法和7.2.3节试验结果都相同。

从复合材料和乐器用材的声学振动性能参数指标的整体综合坐标评定值来看，可以得到：云杉的综合坐标评定值为最小，其值为0.195，说明云杉具有良好的声学振动性能；复合材料A～J的综合坐标评定值均在0.360以下，比桦木的综合坐标评定值低；表现较优的复合材料C的综合坐标评定值为0.317。

7.4　本章小结

本章针对木质单板-玻璃纤维复合材料的制备工艺、声学振动性能展开研究，得出以下结论。

(1) 通过单因素试验、响应面回归模型建立，得出木质单板-玻璃纤维复合材料的优化工艺参数为：热压温度89℃，热压压力1.3MPa，施胶量180g/m^2，此条件下复合材料的E/ρ达到26.71GPa，E/G为18.41，R为6.40m^4/(kg·s)，$\tan\delta$为0.00125，v为5183.43m/s。优化工艺的预测值和实测值具有良好吻合度，偏差率和相对标准误差均在2%以内。

(2) 玻璃纤维布铺放在表层单板内的复合材料的声学振动性能比将纤维靠近芯层单板铺放的复合材料的声学振动性能好。无论是用1层还是2层玻璃纤维布铺放在表层单层下的复合材料的E/ρ、E/G、R、v/δ都高于将相同层数的玻璃纤维布在靠近芯层单板铺放的复合材料。

(3) 复合材料的声学性能并不是随着玻璃纤维布层数的增加而提高，铺放2层玻璃纤维布的复合材料的E/ρ、v、E/G、v/δ达到最大，比未铺放玻璃纤维布的复合材料分别增加了46.9%、21.19%、20.1%。而R和ω随玻璃纤维布的增加向不利的方向发展。

(4) 将木质单板-玻璃纤维复合材料与美国西加云杉、桦木木材声学振动性能比较得出，尽管木质单板-玻璃纤维复合材料的R约为云杉的50%，E/G约为云杉的 80%，但木质单板-玻璃纤维复合材料的 E/ρ、v 与云杉接近。从总体振动性能而言，木质单板-玻璃纤维复合材料的声学振动性能与乐器音板用材料差距不大，通过适当工艺条件制备的复合材料具有替代实木制作乐器音板的可能性。

参 考 文 献

[1] 陈小辉. 玻璃纤维增强竹材胶合板的研究[D]. 福州: 福建农林大学, 2012.

[2] Ono T, Miyakoshi S, Watanabe U. Acoustic characteristics of unidirectionally fiber-reinforced polyurethane foam composites for musical instrument soundboards[J]. Acoustical Science and Technology, 2002, 23(3): 135-142.

[3] Jalili M M, Mousavi S Y, Pirayeshfar A S. Investigating the acoustical properties of carbon fiber-, glass fiber-, and hemp fiber- reinforced polyester composites[J]. Polymer Composites, 2014, 35(11): 2103-2111.

[4] 吕晓东, 苗媛媛, 林斌, 等. 层数与碳纤维方向对木质-碳纤维复合材料声学振动性能的影响[J]. 林业工程学报, 2018, 3(4): 96-101.

[5] Pirvu A, Gardner D J, Lopez-Anido R. Carbon fiber-vinyl ester composite reinforcement of wood using the VARTM/SCRIMP fabrication process[J]. Composites Part A: Applied Science & Manufacturing, 2004, 35(11): 1257-1265.

[6] 徐正东, 赵俊石, 张双保. 玻璃纤维增强结构用单板层积材热压工艺研究[J]. 林业机械与木工设备, 2012, 40(5): 37-40.

[7] 孙妍, 尤立行, 郁辰, 等. 木粉/废旧橡胶粉/HDPE 三元复合材料热压法制备工艺[J]. 林业工程学报, 2017, 2(3): 38-43.

[8] 李坚, 郑睿贤, 金春德. 无胶人造板研究与实践[M]. 北京: 科学出版社, 2010.

[9] 董宏敢, 王传贵, 刘盛全, 等. 榆木层积材制备工艺分析与优化[J]. 西北林学院学报, 2017, 32(6): 245-249.

[10] 左迎峰, 吴义强, 李新功, 等. 地板用双秸秆板芯层复合结构材工艺优化[J]. 中南林业科技大学学报, 2016, 36(3): 101-105, 122.

[11] 傅进, 孟光振. 响应面法分析工艺参数对生物可降解材料拉伸性能的影响[J]. 青岛科技大学学报(自然科学版), 2011, 32(4): 403-406.

[12] 胡建鹏, 郭明辉. 木纤维-木质素磺酸铵-聚乳酸复合材料的工艺优化与可靠性分析[J]. 北京林业大学学报, 2015, 37(1): 115-121.

[13] 黄静, 陈理倩, 吴庆定. 杨木粉无胶模塑成形工艺参数优化[J]. 东北林业大学学报, 2015, 40(2): 81-84.

[14] Muralidhar R, Chirumamila R, Maarchant R, et al. A response surface approach for the comparison of lipase production by Canida cylindracea using two different carbon sources[J]. Biochemical Engineering Journal, 2001, 9(1): 17-23.

[15] Li Q H, Fu C L. Application of response surface methodology for extraction optimization of germinant pumpkin seeds protein[J]. Food Chemistry, 2005, 92(4): 701-706.

[16] 陈善敏, 张静, 蒋和体.响应面法优化甘薯废水混凝沉淀工艺[J].食品与发酵工业, 2019, 45(6): 165-171.

[17] 李司单. 民族乐器用木质泡桐面板振动特性与模态分析[D]. 哈尔滨: 东北林业大学, 2011.

[18] Jang S S. Effects of moisture content and slope of grain on ultrasonic transmission speed of wood[J]. Journal of the Korean Wood Science & Technology, 2000, 28(2): 10-18.

[19] 刘镇波, 沈隽, 刘一星, 等. 实际尺寸乐器音板用云杉属木材的声学振动特性[J]. 林业科学, 2007, 43(8): 100-105.

结　语

针对乐器音板用木材资源短缺问题，采用自然老化、抽提、浸渍、高能射线处理等手段对云杉、泡桐木材进行功能性改良，并对改良结果进行评价，同时为开发乐器音板用新型材料，研究了木质单板-碳纤维、木质单板-玻璃纤维复合材料的制备工艺与其声学振动性能。经过大量的实验和研究工作，得出如下结论。

(1) 基于自由边界、两端简支、两端固定及悬臂梁四种边界条件进行云杉与泡桐树种木材的声学振动性能测试，结果表明边界条件对测试结果会产生影响，但它们之间呈显著的线性相关性；不同边界条件检测的动弹性模量 E、比动弹性模量 E/ρ、声辐射品质常数 R、声阻抗 ω、动弹性模量与刚性模量之比 E/G 等木材声学振动参数的大小关系为：自由边界＞悬臂梁＞两端固定＞两端简支；而对数衰减系数 δ 的大小关系为：两端简支＞两端固定＞悬臂梁＞自由边界。在实际的应用中，为提升检测的便捷性，可以结合实际需要选择适合的边界条件。

(2) 以油麦吊云杉、川西云杉、丽江云杉、红皮云杉及鱼鳞云杉五种云杉属木材为研究对象，研究其经 15 年、18 年、20 年、22 年及 24 年自然陈化后的声学振动性能变化规律，研究发现，随着自然陈化时间的延长，各个树种的声学振动性能指标的变化规律并不完全一致，不同树种有其自身的特性；随着自然陈化时间的延长，声学振动性能指标并不呈现一致的上升或者下降的变化规律；在 24 年的自然陈化时间范围内，大部分云杉木材的声学特性经 15 年的自然陈化后达到最优；经过自然陈化处理的云杉木材的各项声学振动性能参数可以得到提高，但随着时间的延长，木材会受到外界环境或其他因素的影响，从而导致其各项参数出现波动、不稳定的情况。更长时间的陈化对木材声学振动性能的影响规律，还需未来持续跟踪研究。

(3) 经冷水、热水、去离子水、二氯甲烷、苯甲醇、无水乙醇等对泡桐、云杉木材进行抽提处理后，木材细胞腔中的物质被析出，使得细胞壁面更加光滑、干净，纹孔纹路清晰，而且不破坏木材的整体结构，提高了木材结构的通透性，其声学振动性能均有一定程度的改善，但不同的抽提方法，改善效果存在差异；同一种抽提方法对不同树种木材的处理效果也存在差异，而且同一种方法对不同声学振动性能指标的影响也不尽相同。

(4) 比较冷水抽提与热水抽提的木材声学振动性能改良效果可以看出，冷水抽提处理的效果优于热水抽提。比较去离子水、二氯甲烷、苯甲醇、无水乙醇的抽提处理效果可以看出，有机溶剂(二氯甲烷、苯甲醇、无水乙醇)抽提的效果总体上优于极性溶剂(去离子水)的抽提效果；综合各项结果基本可以得出，对于云杉木材，采用苯甲醇抽提方法可以获得较优的声学振动性能改良效果，而对于泡桐木材，采用二氯甲烷抽提方法可以获得较优的声学振动性能改良效果。同时也可以采取多种抽提方法相结合的方式来提升木材的声学振动性能。

(5) 采用不同浓度糠醇溶液对木材进行浸渍处理，能大幅度改善木材的尺寸稳定性、弹性模量、声阻抗ω指标，改善了木材发音效果的稳定性，但由于密度增大程度较高，比动弹性模量、声辐射品质常数指标大幅度下降以及振动衰减系数显著提升，即木材的振动效率下降明显。综合分析得出，较佳的处理工艺为糠醇溶液浓度为 25%，固化温度为 8h。总体来说，木材经糠醇树脂改良后，用于乐器共鸣板材料并不是太理想，但由于尺寸稳定性、动弹性模量、密度得到提高，可以用于乐器的非共振部件。

(6) 采用不同浓度聚乙烯醇溶液对木材进行浸渍处理，木材的尺寸稳定性显著提高，发音稳定性得到改善；从评价声学振动效率指标来看，由于改性后木材密度的提高，比动弹性模量、声辐射品质常数指标产生下降，振动内摩擦能量损耗有所增大，即振动效率下降，但总体上下降的程度不太显著；而声阻抗值有一定程度的改善，在一定改性条件下可使 E/G 值指标得到较为明显的改善，改善振动音色。综合考虑可以选择聚乙烯醇浸渍液浓度为 25%，固化时间为 12h 来改性木材。

(7) 木材进行微波和抽提预处理后，采用不同浓度二羟甲基二羟乙基乙烯脲(DMDHEU)溶液对木材进行浸渍处理，结果发现，在浓度低于 20%时，DMDHEU 溶液浸渍处理会导致木材声学振动性能下降，而高于 20%时，则木材的声学性能得到改善；随着 DMDHEU 溶液浓度的提高，基本呈现木材比动弹性模量、声辐射品质常数、E/G 值、声阻抗及振动衰减系数、声速、声传输参数等声学振动性能指标改善更显著的规律。

(8) 利用γ射线辐照技术对木材进行辐照处理发现，在进行γ射线辐照处理时，剂量大小会影响木材声学振动性能的改良效果，低剂量辐照处理可提高木材的比动弹性模量、声辐射品质常数、E/G 值，可降低振动衰减系数，虽然对声阻抗值有一定负面影响，但总体上，低剂量辐照处理可在一定程度上改善木材声学振动性能，而高辐照剂量则对木材声学振动性能有负面影响。总体上，当辐照剂量为 30~100kGy 时，可获得较好的木材声学振动性能改善效果，针对不同树种，可相应选择适合的最佳处理剂量。

(9) 通过对木质单板-碳纤维复合材料的制备工艺、声学振动性能展开研究得出，优化的工艺参数为：单位压力 1MPa、冷压时间 22h、施胶量 200g/m²；随着碳纤维铺设角度的增大及层数的增多，复合材料的声学振动性能变差，总体而言，小角度铺设的 5 层结构和 7 层结构都具有不错的声学振动性能。

(10) 通过对木质单板-玻璃纤维复合材料的制备工艺、声学振动性能展开研究得出，优化的工艺参数为：热压温度 89℃，热压压力 1.3MPa，施胶量 180g/m²；玻璃纤维布铺放在表层单板内的复合材料的声学振动性能优于玻璃纤维布靠近芯层单板铺放，复合材料的声学性能并不是随着玻璃纤维布层数的增加而提高，铺放 2 层玻璃纤维布的复合材料的比动弹性模量、E/G 值、声速达到最大，但声辐射品质常数和声阻抗随玻璃纤维布的增加向不利的方向发展。

(11) 将木质单板-碳纤维复合材料与美国西加云杉、泡桐木材声学振动性能比较得出，木质单板-碳纤维复合材料因密度较大，其声阻抗和声辐射品质常数相比于常见乐器用木材表现较差，但由于其出色的动弹性模量，其比动弹性模量和 E/G 值表现较为出色。从总体振动性能而言，木质单板-碳纤维复合材料的声学振动性能与乐器音板用材料差距不大，在适当的工艺条件下，小角度铺设的木质单板-碳纤维复合材料在乐器替代材料领域具有广阔的前景。

(12) 将木质单板-玻璃纤维复合材料与美国西加云杉、桦木木材声学振动性能比较得出，尽管木质单板-玻璃纤维复合材料的声辐射品质常数约为云杉的 50%，E/G 值约为云杉的 80%，但木质单板-玻璃纤维复合材料的比动弹性模量、声速与云杉接近。从总体振动性能而言，木质单板-玻璃纤维复合材料的声学振动性能与乐器音板用材料差距不大，通过适当的工艺条件制备的复合材料具有替代实木制作乐器音板的可能性。